달달 풀고 곰곰 생각하는

달곰한 계산력

초등 3-1

디지털 교육 컨텐츠를 전문적으로 제작하고 공유하여
교실과 학교, 교육의 변화를 꿈꾸는
현직 교사로 이루어진 전국 단위 전문적 학습 공동체입니다.

지 은 이 NE능률 수학교육연구소
참쌤스쿨 백지민
개발책임 차은실
개 발 한아름, 김다은, 김건희
디 자 인 오영숙, 한새미, 황유진
일러스트 이상화
영 업 한기영, 이경구, 박인규, 정철교, 김남준, 이우현
마 케 팅 박혜선, 남경진, 이지원, 김여진
펴 낸 이 주민홍
펴 낸 곳 서울시 마포구 월드컵북로 396(상암동) 누리꿈스퀘어 비즈니스타워 10층
㈜NE능률 (우편번호 03925)
펴 낸 날 2023년 11월 1일 초판 제1쇄
2024년 1월 5일 초판 제2쇄
전 화 02 2014 7114
팩 스 02 3142 0357
홈페이지 www.neungyule.com
등록번호 제1-68호

고객센터
교재 내용 문의: contact.nebooks.co.kr (별도의 가입 절차 없이 작성 가능)
제품 구매, 교환, 불량, 반품 문의: 02 2014 7114
☎ 전화 문의는 본사 업무 시간 중에만 가능합니다.

수학 공부를 하다 보면 이해가 안 돼서 어렵고, 또 재미도 없고…….

그래서 수학 공부를 하기 싫은 적이 있지 않나요?

수학이 어려운 가장 큰 이유는 지금 배우고 있는 수학 개념들이 대부분 글로 된 딱딱한 설명과 식으로 되어 있기 때문이죠.

그래서 설명을 읽어도 모르겠고, 식을 봐도 이해가 되지 않는 것이랍니다.

하지만! 어려운 수학 개념을 너무나 쉽게 이해할 수 있는 방법!

바로 비주얼 싱킹을 활용해서 수학 개념을 이해하고 문제를 풀어 보는 것이지요.

여러분들이 이해하기 쉽게 수학 개념을 풀어놓은 달곰한 계산력으로 수학 공부를 재미있게 해 보세요!

달곰한 계산력 한눈에 보기

1

학교 선생님이 아이들의 눈높이에 맞추어
설명한 연산 개념을 담았어요.

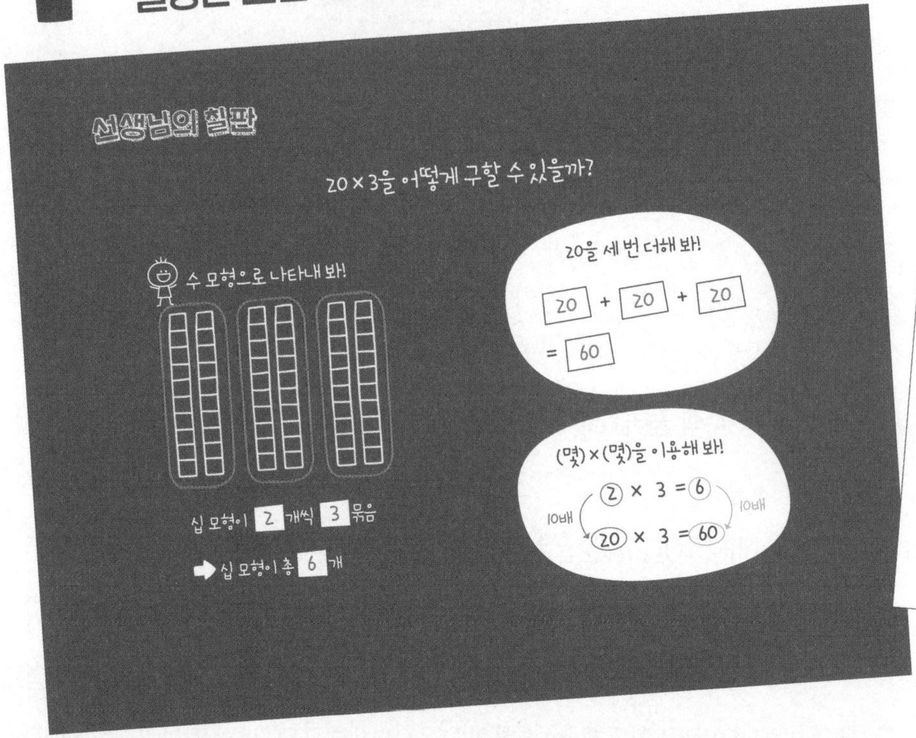

2

개념을 다시 한번 짚어주는 지문을 읽고
충분히 연습해요.

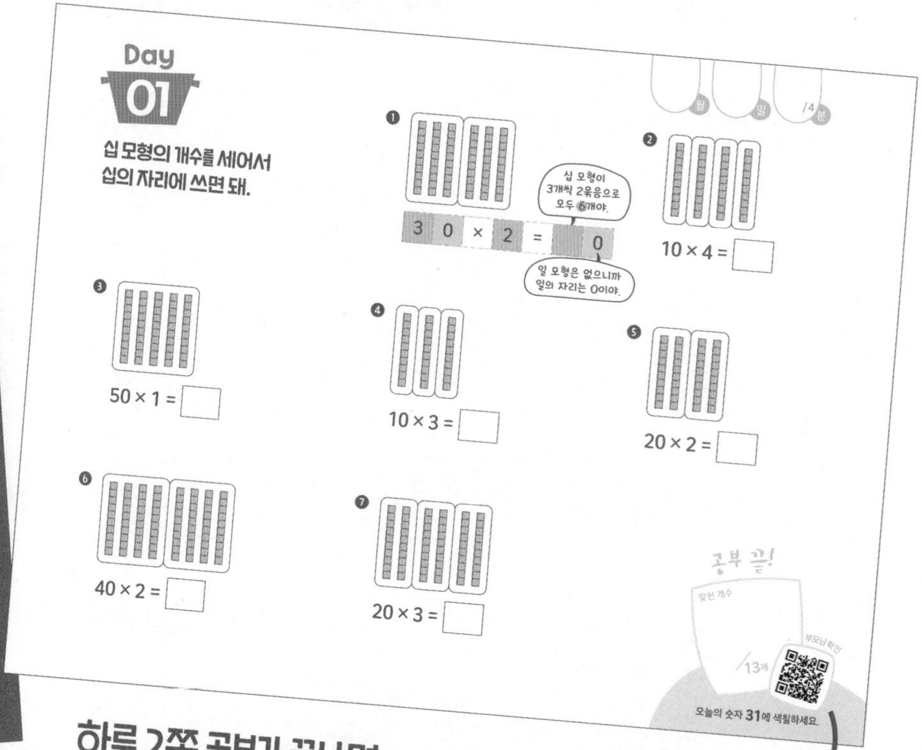

하루 2쪽 공부가 끝나면

QR로 빠르게 채점하고, 로직을 완성해요.

3

단계별 학습이 끝나면 재미있는 놀이 연산으로 연산 실력을 UP!

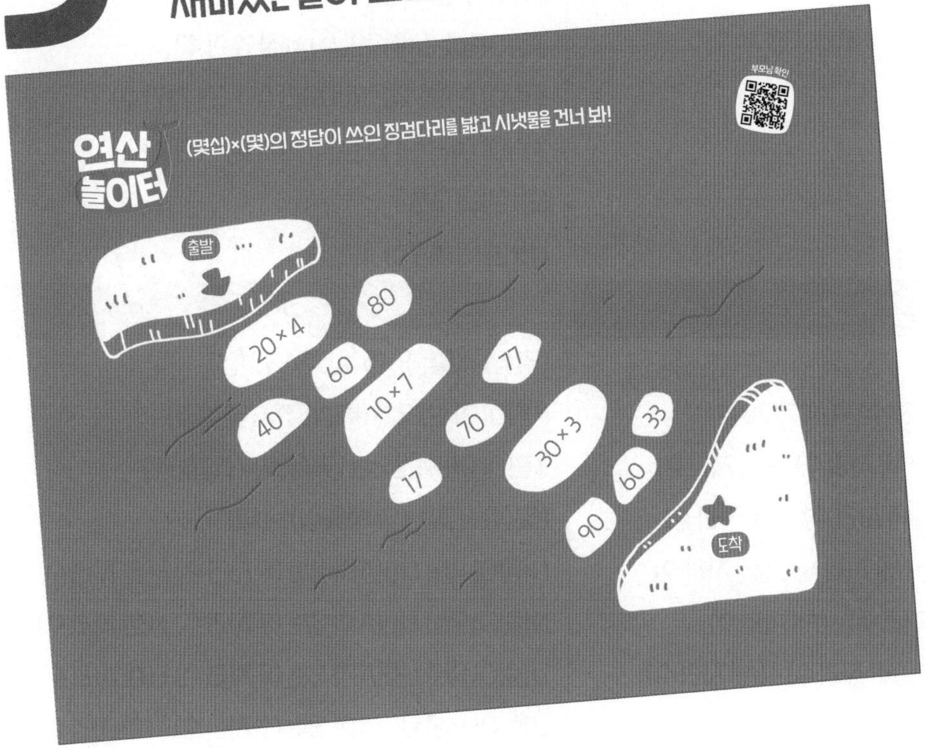

1~5단계, 6~10단계, 1~10단계 범위에 따라 연산 실력을 점검해 봐요.

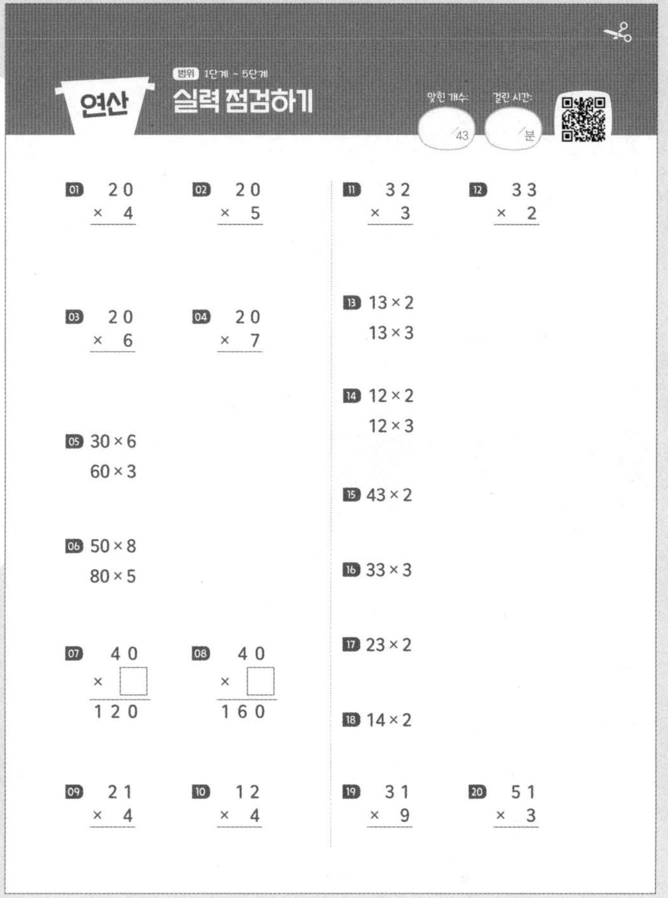
범위 1단계 ~ 5단계

연산 실력 점검하기

맞힌 개수: /43 걸린 시간: 분

01 20 × 4

02 20 × 5

03 20 × 6

04 20 × 7

05 30 × 6, 60 × 3

06 50 × 8, 80 × 5

07 40 × □ = 120

08 40 × □ = 160

09 21 × 4

10 12 × 4

11 32 × 3

12 33 × 2

13 13 × 2, 13 × 3

14 12 × 2, 12 × 3

15 43 × 2

16 33 × 3

17 23 × 2

18 14 × 2

19 31 × 9

20 51 × 3

권별 학습 내용

1 - 1	2 - 1	3 - 1
수를 모으고 가르기	받아올림이 한 번 있는 (두 자리 수)+(두 자리 수)	(몇십)×(몇)
합이 9까지인 덧셈	받아올림이 두 번 있는 (두 자리 수)+(두 자리 수)	올림이 없는 (두 자리 수)×(한 자리 수)
한 자리 수의 뺄셈	받아내림이 있는 (두 자리 수)-(두 자리 수)	십의 자리에서 올림이 있는 (두 자리 수)×(한 자리 수)
덧셈과 뺄셈의 관계	덧셈식, 뺄셈식에서 □의 값 구하기	일의 자리에서 올림이 있는 (두 자리 수)×(한 자리 수)
세 수의 덧셈과 뺄셈	같은 수를 여러 번 더하기	올림이 두 번 있는 (두 자리 수)×(한 자리 수)
(몇십)+(몇), (몇)+(몇십)	2단, 5단 곱셈구구	올림이 없는 (세 자리 수)×(한 자리 수)
(몇십몇)+(몇), (몇십몇)-(몇)	3단, 6단 곱셈구구	올림이 한 번 있는 (세 자리 수)×(한 자리 수)
(몇십)+(몇십), (몇십)-(몇십)	4단, 8단 곱셈구구	올림이 여러 번 있는 (세 자리 수)×(한 자리 수)
(몇십몇)+(몇십몇), (몇십몇)-(몇십몇)	7단, 9단 곱셈구구	나눗셈의 기초
		나눗셈의 몫 구하기

1 - 2	2 - 2	3 - 2
10을 모으고 가르기	곱셈구구 종합	(몇십)×(몇십), (몇십몇)×(몇십)
10이 되는 더하기, 10에서 빼기	받아올림이 없는 (세 자리 수)+(세 자리 수)	올림이 한 번 있는 (몇십몇)×(몇십몇)
두 수의 합이 10인 세 수의 덧셈	받아올림이 한 번 있는 (세 자리 수)+(세 자리 수)	올림이 여러 번 있는 (몇십몇)×(몇십몇)
받아올림이 있는 (몇)+(몇)	받아올림이 두 번 있는 (세 자리 수)+(세 자리 수)	(몇십)÷(몇), (몇백몇십)÷(몇)
두 수의 차가 10인 세 수의 뺄셈	받아올림이 세 번 있는 (세 자리 수)+(세 자리 수)	내림이 없고 나머지가 없는 (두 자리 수)÷(한 자리 수)
받아내림이 있는 (십몇)-(몇)	받아내림이 없는 (세 자리 수)-(세 자리 수)	내림이 있고 나머지가 없는 (두 자리 수)÷(한 자리 수)
덧셈과 뺄셈의 관계	받아내림이 한 번 있는 (세 자리 수)-(세 자리 수)	내림이 없고 나머지가 있는 (두 자리 수)÷(한 자리 수)
받아올림이 있는 (몇십몇)+(몇)	받아내림이 두 번 있는 (세 자리 수)-(세 자리 수)	내림이 있고 나머지가 있는 (두 자리 수)÷(한 자리 수)
받아내림이 있는 (몇십몇)-(몇)		백의 자리부터 몫을 구하는 (세 자리 수)÷(한 자리 수)
세 수의 덧셈과 뺄셈		백의 자리 수가 나누는 수보다 작은 (세 자리 수)÷(한 자리 수)

4-1	5-1	6-1
(몇백)×(몇십), (몇십)×(몇백)	덧셈과 뺄셈, 곱셈과 나눗셈이 섞여 있는 식	(자연수)÷(자연수), (진분수)÷(자연수)
(세 자리 수)×(몇십)	괄호가 없는 자연수의 혼합 계산	곱셈으로 계산하는 (진분수)÷(자연수)
(세 자리 수)×(두 자리 수)	괄호가 있는 자연수의 혼합 계산	(가분수)÷(자연수), (대분수)÷(자연수)
(몇백몇십)÷(몇십)	약수와 공약수, 배수와 공배수	(진분수)÷(진분수)
(두 자리 수)÷(몇십)	공약수와 최대공약수	(자연수)÷(진분수)
(세 자리 수)÷(몇십)	공배수와 최소공배수	(가분수)÷(진분수), (대분수)÷(진분수)
(두 자리 수)÷(두 자리 수)	약분과 통분	각 자리에서 나누어떨어지지 않는 (소수)÷(자연수)
몫이 한 자리 수인 (세 자리 수)÷(두 자리 수)	분모가 다른 진분수의 덧셈	0을 내리거나 몫에 0이 포함된 (소수)÷(자연수)
몫이 두 자리 수인 (세 자리 수)÷(두 자리 수)	분모가 다른 대분수의 덧셈	몫이 소수인 (자연수)÷(자연수)
	분모가 다른 진분수의 뺄셈	비와 비율
	분모가 다른 대분수의 뺄셈	백분율

4-2	5-2	6-2
대분수를 가분수로, 가분수를 대분수로 나타내기	어림하기	자릿수가 같은 (소수)÷(소수)
진분수의 덧셈	(분수)×(자연수)	자릿수가 다른 (소수)÷(소수)
대분수의 덧셈	(자연수)×(분수)	(자연수)÷(소수)
진분수의 뺄셈	(진분수)×(진분수)	몫을 반올림하여 나타내기
받아내림이 없는 대분수의 뺄셈	(대분수)×(대분수)	나누어 주고 남는 양
(자연수)-(분수)	세 분수의 곱셈	자연수, 분수, 소수의 혼합 계산
받아내림이 있는 대분수의 뺄셈	소수와 자연수의 곱셈	간단한 자연수의 비로 나타내기
자릿수가 같은 소수의 덧셈	(소수)×(소수)	비례식
자릿수가 다른 소수의 덧셈	분수와 소수의 혼합 계산	비례배분
자릿수가 같은 소수의 뺄셈		
자릿수가 다른 소수의 뺄셈		

50일 완성, 연산 지도법

단계	공부 내용	이렇게 지도해요	공부 날	쪽수
1 단계	(몇십)×(몇)	(몇십)×(몇)은 2학년에서 배운 곱셈구구를 바탕으로 합니다. (몇)×(몇)을 구한 값에 10을 곱하는 것과 같음을 이해하고, 빠르고 정확하게 계산할 수 있도록 충분히 연습합니다.	DAY 1	10쪽
			DAY 2	12쪽
			DAY 3	14쪽
			DAY 4	16쪽
2 단계	올림이 없는 (두 자리 수) ×(한 자리 수)	올림이 없는 곱셈의 경우 '일의 자리, 십의 자리의 순서로 곱한다.'는 계산 방법을 숙지할 수 있도록 충분히 연습합니다. 또한, 곱셈에서의 세로셈을 덧셈의 세로셈과 연결 지어 공통점과 차이점을 발견할 수 있도록 지도해 주세요.	DAY 5	22쪽
			DAY 6	24쪽
			DAY 7	26쪽
			DAY 8	28쪽
3 단계	십의 자리에서 올림이 있는 (두 자리 수) ×(한 자리 수)	올림이 있는 곱셈을 처음으로 배우는 단계입니다. 십 모형 10개를 백 모형 1개로 바꿔보며 올림의 의미를 이해하고, 십의 자리에서 올림한 수는 백의 자리에 바로 쓸 수 있도록 충분히 연습합니다.	DAY 9	34쪽
			DAY 10	36쪽
			DAY 11	38쪽
			DAY 12	40쪽
			DAY 13	42쪽
4 단계	일의 자리에서 올림이 있는 (두 자리 수) ×(한 자리 수)	'일의 자리에서 올림한 수는 십의 자리의 곱과 더한다.'는 핵심 원리를 이해하고, 올림한 수를 바로 윗자리에 작게 쓰는 연습을 충분히 하여 빠뜨리지 않고 더할 수 있게 지도해 주세요.	DAY 14	48쪽
			DAY 15	50쪽
			DAY 16	52쪽
			DAY 17	54쪽
			DAY 18	56쪽
5 단계	올림이 두 번 있는 (두 자리 수) ×(한 자리 수)	올림이 두 번 있는 곱셈도 '올림한 수는 바로 윗자리의 곱과 더한다.'라는 핵심 내용은 같음을 이해하고, 문제를 통해 충분히 연습합니다. 그리고 올림에서 실수가 잦다면 자리별로 곱해서 더하는 방법으로 계산할 수 있게 지도해 주세요.	DAY 19	62쪽
			DAY 20	64쪽
			DAY 21	66쪽
			DAY 22	68쪽
			DAY 23	70쪽

단계	공부 내용	이렇게 지도해요	공부 날	쪽수
6 단계	올림이 없는 (세 자리 수) ×(한 자리 수)	올림이 없는 (세 자리 수)×(한 자리 수)는 두 자리 수의 곱셈을 세 자리 수로 확장하여 배우는 단계입니다. '일, 십, 백의 자리 순서로 곱하여 더한다.'는 원리를 생각하며 충분히 연습합니다.	DAY 24	76쪽
			DAY 25	78쪽
			DAY 26	80쪽
			DAY 27	82쪽
			DAY 28	84쪽
7 단계	올림이 한 번 있는 (세 자리 수) ×(한 자리 수)	'자리별로 곱하고 올림하여 계산한다.'는 원리는 두 자리 수 곱셈과 같음을 알려주세요. 그리고 올림한 수의 위치를 바르게 적고 계산하는 연습을 충분히 하여 올림이 여러 번 있는 곱셈의 기초를 다질 수 있도록 합니다.	DAY 29	90쪽
			DAY 30	92쪽
			DAY 31	94쪽
			DAY 32	96쪽
			DAY 33	98쪽
			DAY 34	100쪽
8 단계	올림이 여러 번 있는 (세 자리 수) ×(한 자리 수)	곱하는 수가 한 자리 수인 곱셈의 마무리 단계입니다. 올림이 여러 번 있어도 계산 방법은 같음을 이해하고, 계산 과정에서 올림한 수를 바르게 적는 충분한 연습을 통해 실수하지 않도록 지도해 주세요.	DAY 35	106쪽
			DAY 36	108쪽
			DAY 37	110쪽
			DAY 38	112쪽
			DAY 39	114쪽
9 단계	나눗셈의 기초	나눗셈 개념을 처음으로 배우는 단계이므로 똑같이 나누는 두 가지 상황을 통해 나눗셈 개념을 이해하고, 나눗셈식으로 능숙하게 나타낼 수 있도록 충분히 연습합니다. 또한, 곱셈과 나눗셈의 관계는 나눗셈의 몫을 구하기 위한 준비 단계이므로 집중하여 지도해 주세요.	DAY 40	120쪽
			DAY 41	122쪽
			DAY 42	124쪽
			DAY 43	126쪽
			DAY 44	128쪽
			DAY 45	130쪽
10 단계	나눗셈의 몫 구하기	나눗셈식을 곱셈식으로 바꿔보며 나눗셈의 몫을 구하기 위해 몇 단 곱셈구구가 필요한지 바로 떠올릴 수 있도록 충분히 연습합니다.	DAY 46	136쪽
			DAY 47	138쪽
			DAY 48	140쪽
			DAY 49	142쪽
			DAY 50	144쪽

01

(몇십)×(몇)

이번에는 무엇을 배울까?

받아내림이 두 번 있는
(세 자리 수)-(세 자리 수)

(몇십)×(몇)

올림이 없는
(두 자리 수)×(한 자리 수)

이렇게 지도해요!

❶ 먼저 설명해 주세요.

2학년에서 배운 곱셈구구를 바탕으로 일의 자리가 0인 (몇십)×(몇)의 내용을 그림과 말로 풀어내었습니다. 아이와 함께 따라 읽어 보면서 10으로 곱하는 곱셈의 의미와 원리를 발견하고, 계산 방법을 익힙니다.

❷ 수를 이해하며 계산해요.

설명과 이어지는 그림을 이용하여 Day1에서 재미있게 문제를 풉니다.

❸ 충분히 연습해요.

Day2 ~ Day4의 문제 풀이를 통해 (몇십)×(몇)을 충분히 연습하고, (두 자리 수)×(한 자리 수)의 계산을 대비합니다.

스스로 계획을 세워요!

	공부할 날짜	목표 시간	복습할 날짜
Day 01 /50	월 / 일	분 / 13개	월 / 일
Day 02 /50	월 / 일	분 / 29개	월 / 일
Day 03 /50	월 / 일	분 / 35개	월 / 일
Day 04 /50	월 / 일	분 / 34개	월 / 일

선생님의 칠판

20 × 3을 어떻게 구할 수 있을까?

수 모형으로 나타내 봐!

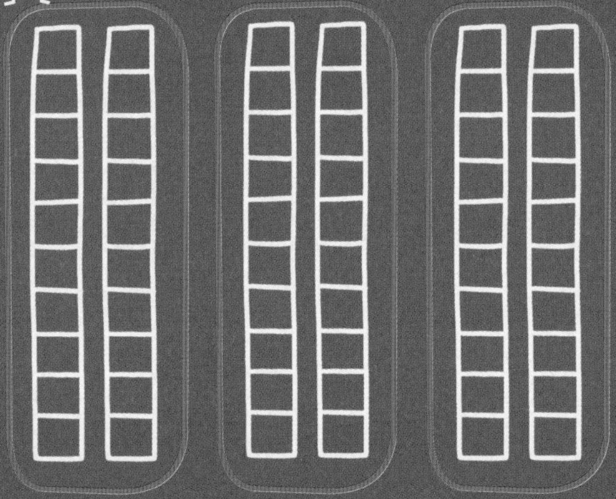

십 모형이 2 개씩 3 묶음

➡ 십 모형이 총 6 개

20을 세 번 더해 봐!

20 + 20 + 20 = 60

(몇)×(몇)을 이용해 봐!

2 × 3 = 6

10배 ↓ ↓ 10배

20 × 3 = 60

Day 01

십 모형의 개수를 세어서 십의 자리에 쓰면 돼.

❶ 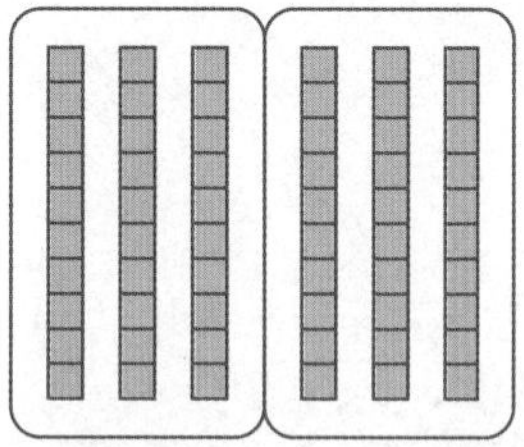

십 모형이 3개씩 2묶음으로 모두 6개야.

30 × 2 = □0

일 모형은 없으니까 일의 자리는 0이야.

❷ 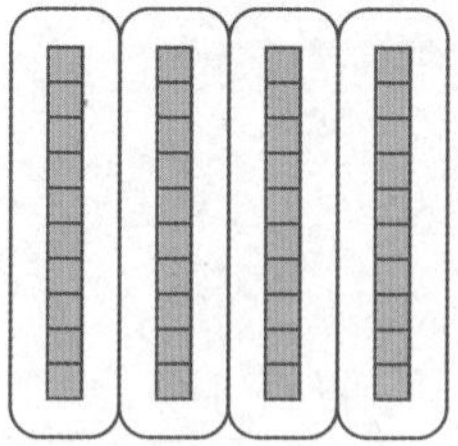

10 × 4 = □

❸ 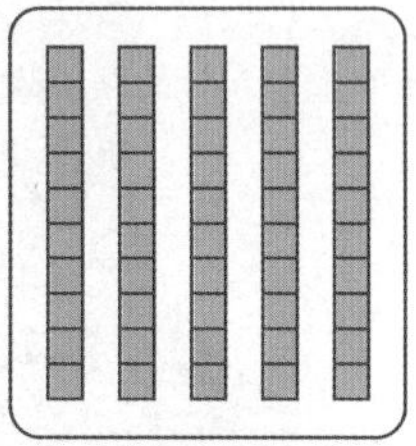

50 × 1 = □

❹ 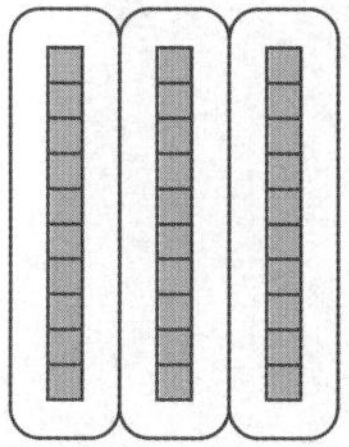

10 × 3 = □

❺ 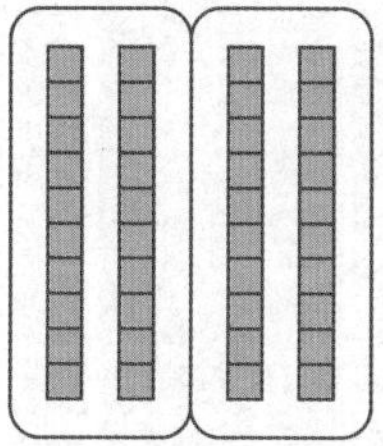

20 × 2 = □

❻ 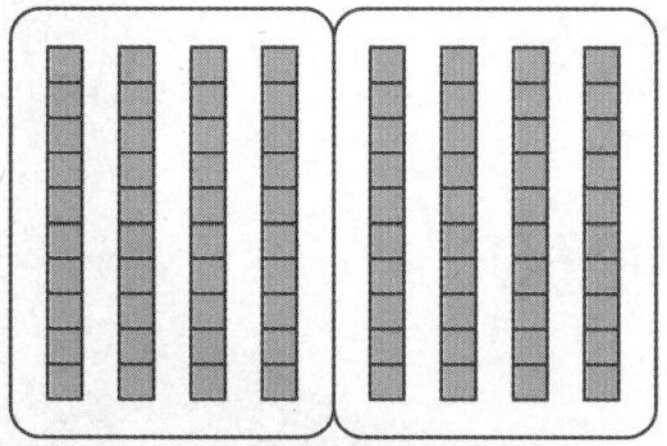

40 × 2 = □

❼ 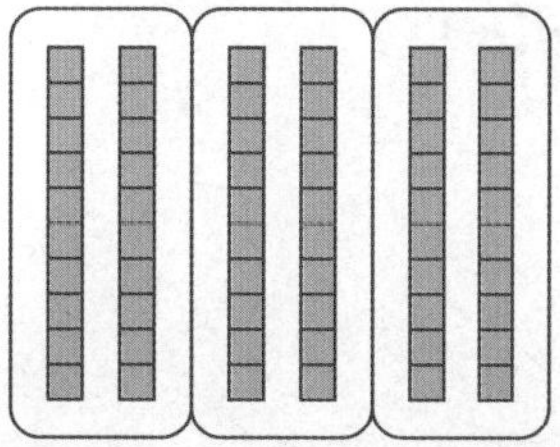

20 × 3 = □

❽ 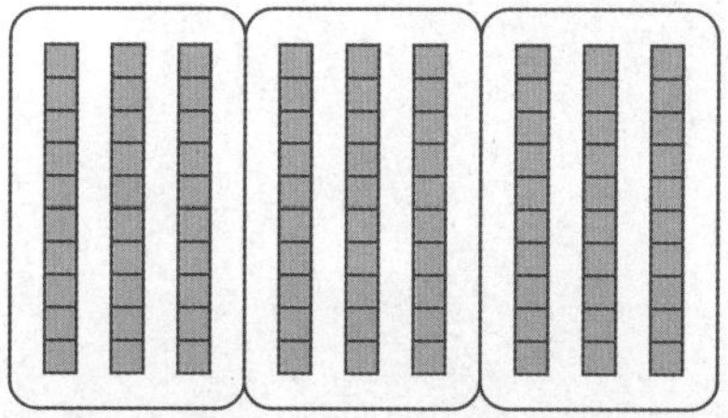

30 × 3 = □

❾

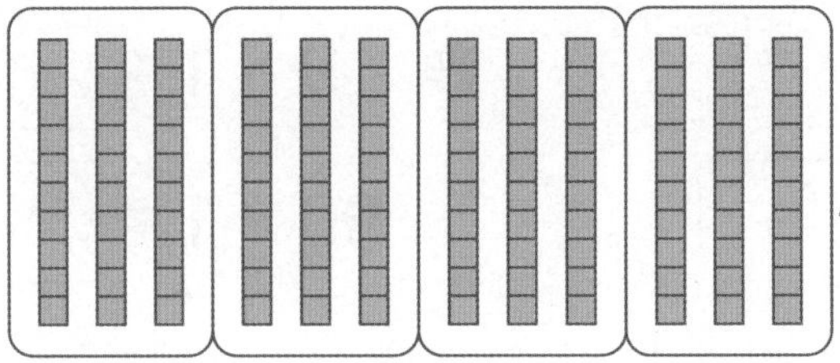

십 모형이
3개씩 4묶음이면
모두 몇 개일까?

3	0	×	4	=			0

십 모양의 개수를 백의 자리와
십의 자리에 쓰면 돼.

❿

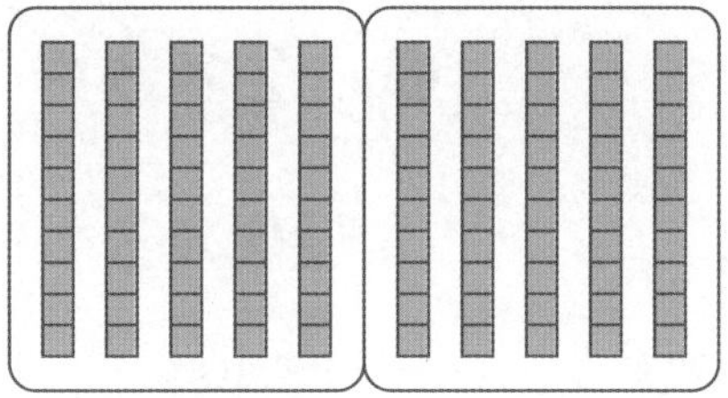

50 × 2 = ☐

⓫

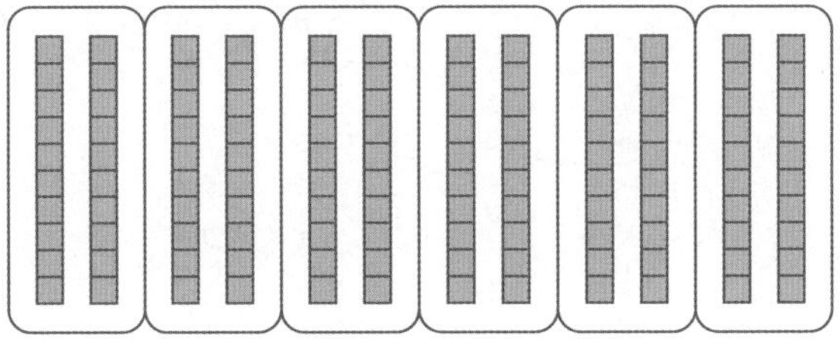

20 × 6 = ☐

⓬

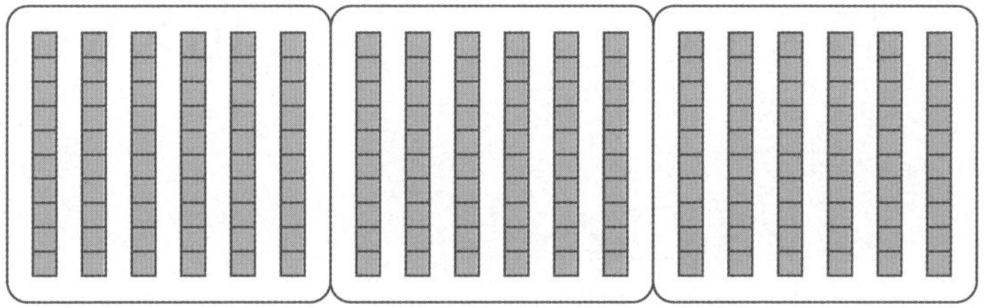

60 × 3 = ☐

⓭

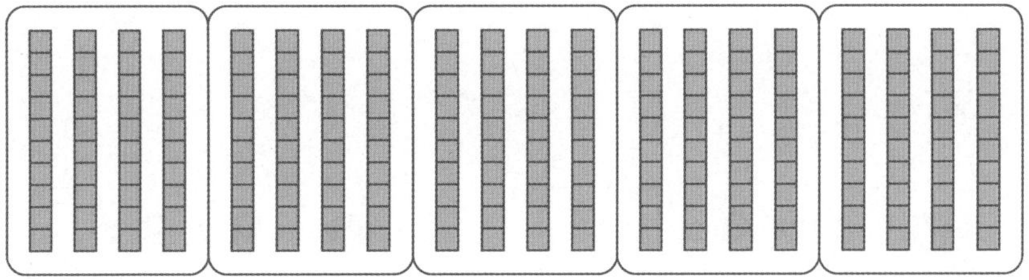

40 × 5 = ☐

공부 끝!

맞힌 개수 /13개

부모님 확인

오늘의 숫자 **31**에 색칠하세요.

Day 02

곱하는 수가 같을 때 곱해지는 수가 10배가 되면 곱도 10배가 돼.

❶ 2 × 3 = 6
20 × 3 = □0
(10배, 10배)
2의 10배는 20이야.
6의 10배는?

❷ 4 × 2 = □
40 × 2 = □

❸ 9 × 1 = □
90 × 1 = □

❹ 3 × 3 = □
30 × 3 = □

❺ 1 × 8 = □
10 × 8 = □

❻ 2 × 2 = □
20 × 2 = □

❼ 3 × 2 = □
30 × 2 = □

곱셈구구를 떠올려 봐!

❽ 2 × 6 = □
20 × 6 = □0

❾ 3 × 5 = □
30 × 5 = □

❿ 4 × 8 = □
40 × 8 = □

⓫ 7 × 2 = □
70 × 2 = □

⓬ 6 × 7 = □
60 × 7 = □

⓭ 5 × 6 = □
50 × 6 = □

⓮ 8 × 9 = □
80 × 9 = □

⓯ 9 × 3 = □
90 × 3 = □

0에 어떤 수를 곱해도 0이니까 십의 자리 수하고만 곱하면 돼.

⑯

	2	0
×		3
		0

십의 자리 수 2와 3의 곱을 써.

0×3=0이므로 일의 자리에는 0을 써야 해.

⑰

	4	0
×		2

⑱

	3	0
×		3

⑲

	3	0
×		2

⑳

	7	0
×		1

㉑

	2	0
×		4

㉒

	1	0
×		6

㉓

	6	0
×		3
		0

6×3을 구한 뒤, 백의 자리와 십의 자리에 써.

㉔

	3	0
×		4

㉕

	6	0
×		4

㉖

	5	0
×		5

㉗

	4	0
×		5

㉘

	2	0
×		9

㉙

	8	0
×		2

공부 끝!

맞힌 개수 /29개

부모님 확인

오늘의 숫자 **27**에 색칠하세요.

월 일 /5 분

Day 03

(몇)×(몇)을 구한 값에 10을 곱하는 거야.

❶ 먼저 4×2를 구하여 십의 자리에 쓰고,

$40 \times 2 = 80$

❷ 일의 자리에 0을 1개 붙인 것과 같아.

❶ 20×4

❷ 10×8

❸ 30×1

❹ 10×5

❺ 90×1

❻ 20×3

❼ 10×3

❽ 20×1

❾ 10×7

❿ 30×2

⓫ 60×1

⓬ 30×3

⓭ 50×1

⓮ 40×1

⓯ 10×1

⓰ 70×1

⓱ 20×2

❶ 4×7을 구한 후

$40 \times 7 = 280$

❷ 뒤에 0을 1개 붙여!

⑱ 60×2

⑲ 70×6

⑳ 30×8

㉑ 20×8

㉒ 40×4

㉓ 60×6

㉔ 90×7

㉕ 90×3

㉖ 70×4

㉗ 80×3

㉘ 40×3

㉙ 30×6

㉚ 50×7

㉛ 90×5

㉜ 20×7

5×2를 구한 후 뒤에 0을 붙여야 하는 거 잊지 마!

㉝ 50×2

㉞ 40×5

㉟ 80×5

공부 끝!

맞힌 개수 /35개

부모님 확인

오늘의 숫자 **70**에 색칠하세요.

Day 04

**0을 떼고 곱한 후에
다시 0을 붙여 봐.**

❶ 80 × 1

❷ 20 × 5

❸ 30 × 9

❹ 60 × 4

❺ 70 × 7

❻ 80 × 6

❼ 70 × 2

❽ 10 × 8

❾ 50 × 8

❿ 40 × 2

⓫ 50 × 6

⓬ 30 × 5

⓭ 90 × 4

⓮ 20 × 3

⓯ 70 × 1

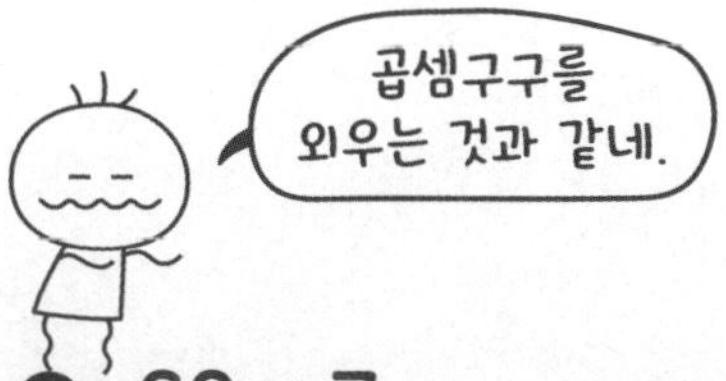

⓰ 60 × 7

⓱ 40 × 1

⓲ 90 × 2

⓳ 20 × 6

⑳ $\begin{array}{r} 90 \\ \times\ \ 3 \\ \hline \end{array}$

㉑ $\begin{array}{r} 30 \\ \times\ \ 7 \\ \hline \end{array}$

㉒ $\begin{array}{r} 80 \\ \times\ \ 5 \\ \hline \end{array}$

㉓ $\begin{array}{r} 60 \\ \times\ \ 5 \\ \hline \end{array}$

㉔ $\begin{array}{r} 50 \\ \times\ \ 3 \\ \hline \end{array}$

㉕ $\begin{array}{r} 40 \\ \times\ \ 8 \\ \hline \end{array}$

㉖ $\begin{array}{r} 60 \\ \times\ \ 9 \\ \hline \end{array}$

㉗ $\begin{array}{r} 20 \\ \times\ \ 4 \\ \hline \end{array}$

㉘ $\begin{array}{r} 50 \\ \times\ \ 9 \\ \hline \end{array}$

㉙ $\begin{array}{r} 10 \\ \times\ \ 6 \\ \hline \end{array}$

㉚ $\begin{array}{r} 50 \\ \times\ \ 4 \\ \hline \end{array}$

㉛ $\begin{array}{r} 90 \\ \times\ \ 8 \\ \hline \end{array}$

㉜ $\begin{array}{r} 70 \\ \times\ \ 8 \\ \hline \end{array}$

㉝ $\begin{array}{r} 80 \\ \times\ \ 7 \\ \hline \end{array}$

㉞ $\begin{array}{r} 30 \\ \times\ \ 2 \\ \hline \end{array}$

공부 끝!

맞힌 개수

/34개

부모님 확인

오늘의 숫자 **4**에 색칠하세요.

연산 놀이터

(몇십)×(몇)의 정답이 쓰인 징검다리를 밟고 시냇물을 건너 봐!

부모님 확인

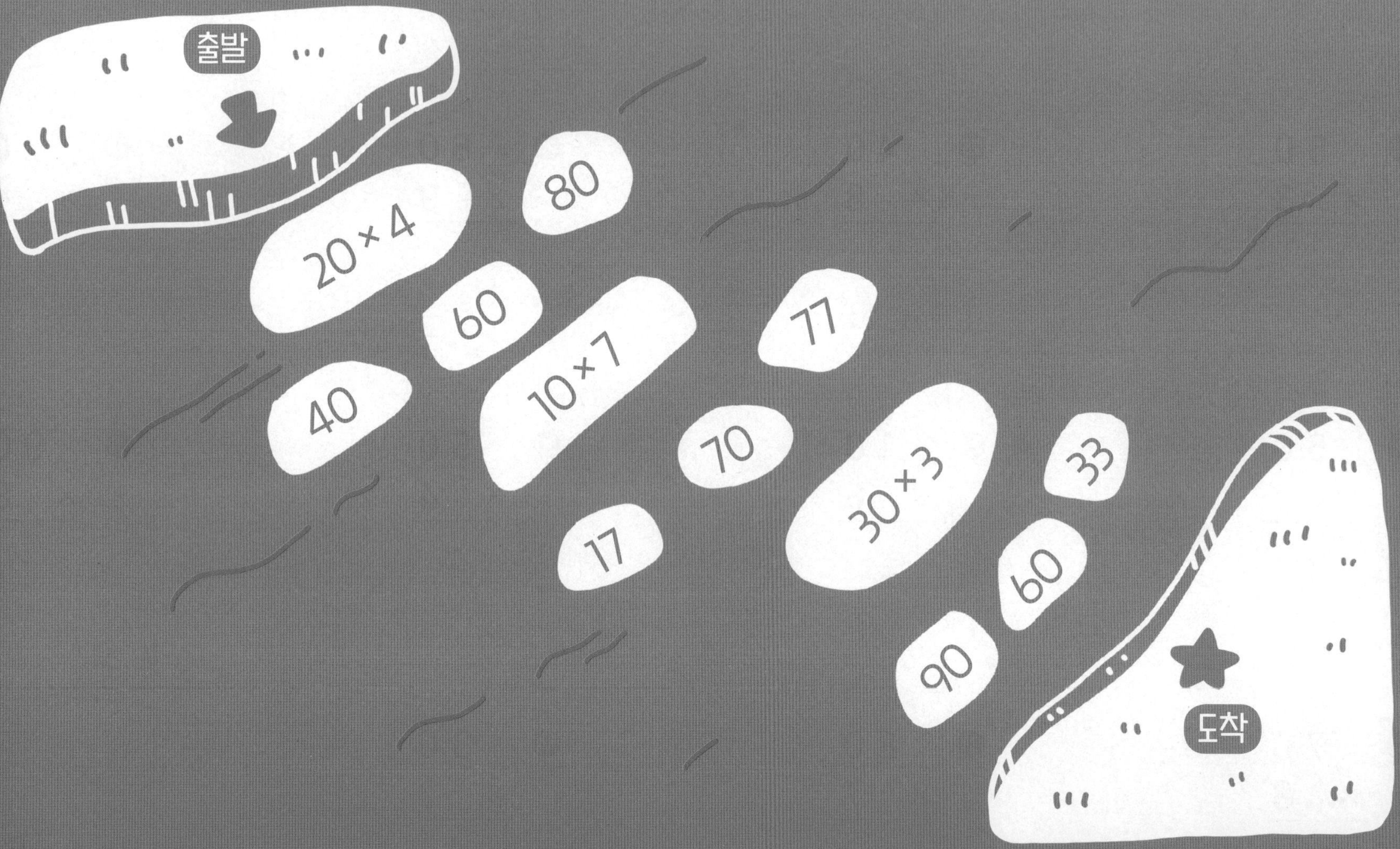

02

올림이 없는 (두 자리 수)×(한 자리 수)

이번에는 무엇을 배울까?

(몇십)×(몇)

올림이 없는 (두 자리 수)×(한 자리 수)

십의 자리에서 올림이 있는 (두 자리 수)×(한 자리 수)

이렇게 지도해요!

스스로 계획을 세워요!

❶ 먼저 설명해 주세요.

그림과 말로 풀어낸 (두 자리 수)×(한 자리 수)의 내용을 아이와 함께 따라 읽어 보면서 일의 자리, 십의 자리 순서로 곱한다는 것을 이해하고, 계산 방법까지 익힐 수 있도록 합니다. 또한, 곱셈에서의 세로 셈을 덧셈의 세로 셈과 연결 지어 생각할 수 있도록 합니다.

❷ 수를 이해하며 계산해요.

설명과 이어지는 그림을 이용하여 Day5에서 재미있게 문제를 풉니다.

❸ 충분히 연습해요.

올림이 없는 (두 자리 수)×(한 자리 수)의 계산은 올림이 있는 (두 자리 수)×(한 자리 수) 학습의 기초가 되므로 Day6 ~ Day8의 문제 풀이를 통해 충분히 연습합니다.

	공부할 날짜	목표 시간	복습할 날짜
Day 05/50	월 / 일	분 / 10개	월 / 일
Day 06/50	월 / 일	분 / 24개	월 / 일
Day 07/50	월 / 일	분 / 33개	월 / 일
Day 08/50	월 / 일	분 / 34개	월 / 일

선생님의 칠판

13×2를 어떻게 구할 수 있을까?

먼저, 수 모형으로 알아보자!

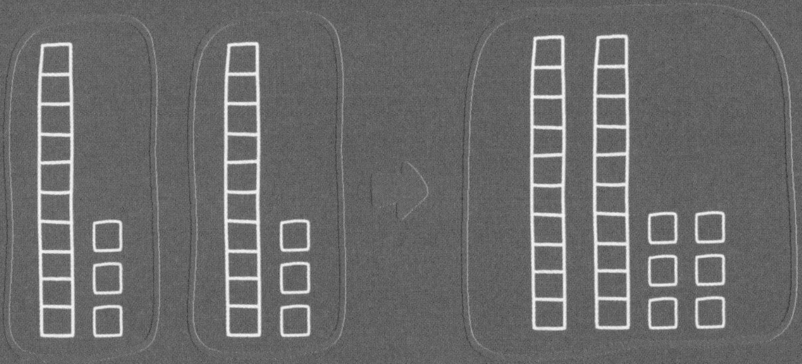

- 십 모형의 개수는 **2** 개
- 십 모형이 나타내는 수는 **20**

- 일 모형의 개수는 **6** 개
- 일 모형이 나타내는 수는 **6**

➡ 수 모형이 나타내는 수는 **26**

세로 셈으로도 알아볼까?

$$\begin{array}{r} 13 \\ \times\ \ 2 \\ \hline 6 \\ 20 \\ \hline 26 \end{array}$$

3×2 → 6

10×2 → 20

13×2는
10×2와 3×2의
합과 같아.

Day 05

십 모형, 일 모형의 개수를 곱셈식으로 구하고, 각각의 수를 자리에 맞춰 써 봐.

❶

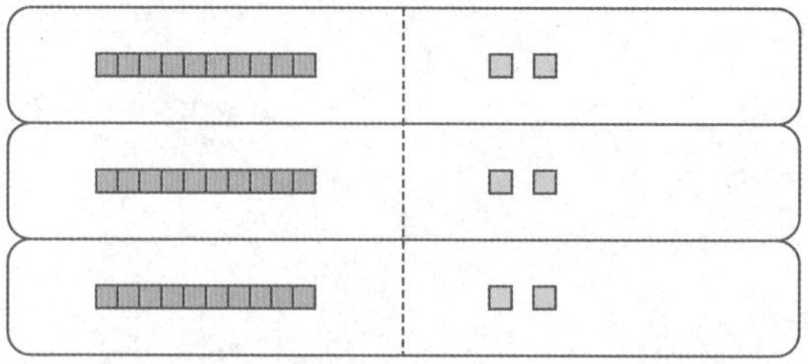

12와 3을 곱하는 것은 12를 3번 더하는 것과 같아.

	1	2
×		3

1 × 3 = 3　　2 × 3 = 6

십 모형이 나타내는 수는 30이고, 일 모형이 나타내는 수는 6이야.

❷

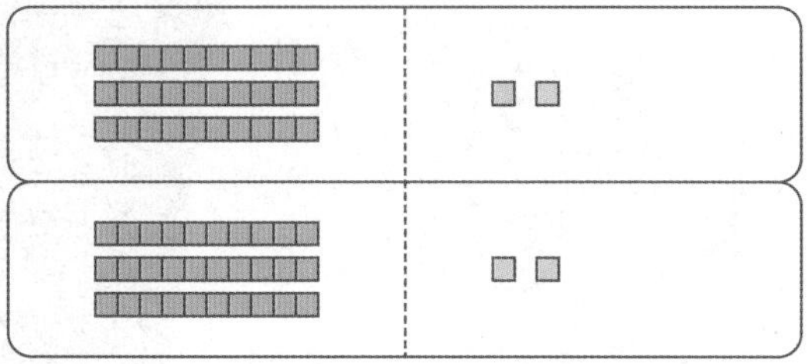

	3	2
×		2

3 × 2 = ☐　　2 × 2 = ☐

❸

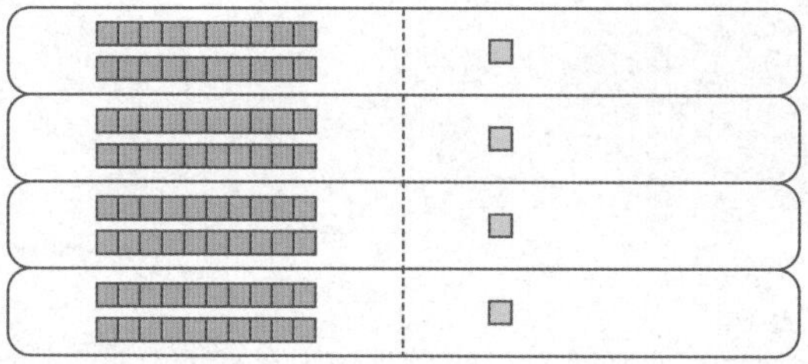

	2	1
×		4

2 × 4 = ☐　　1 × 4 = ☐

❹

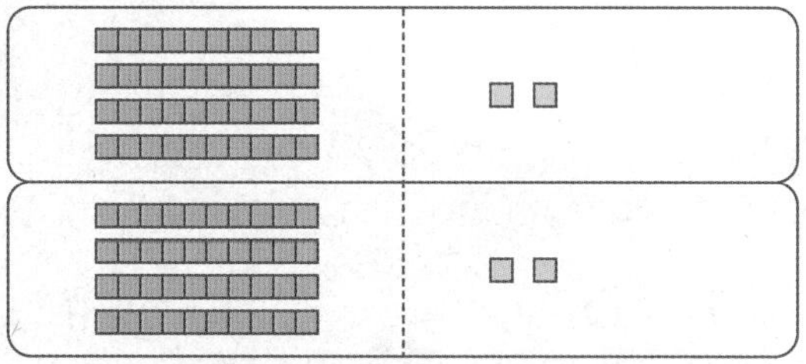

	4	2
×		2

4 × 2 = ☐　　2 × 2 = ☐

❺

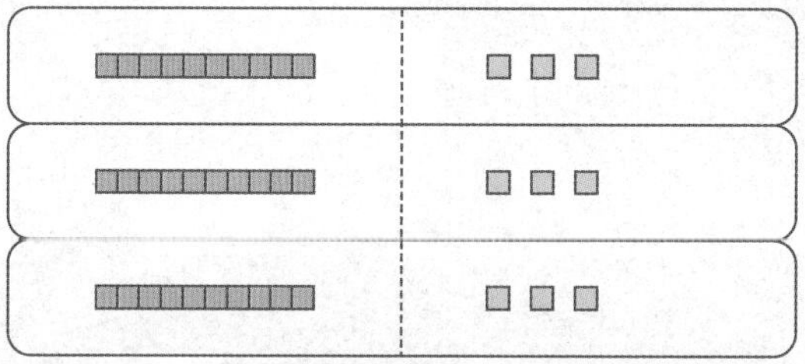

	1	3
×		3

1 × 3 = ☐　　3 × 3 = ☐

❻

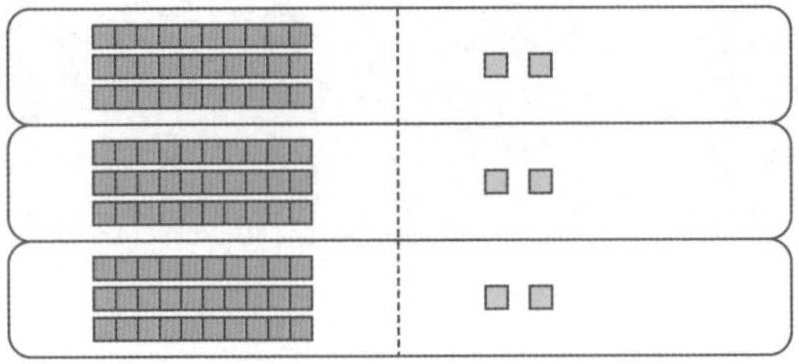

	3	2
×		3

$3 \times 3 =$ ☐ $2 \times 3 =$ ☐

❼

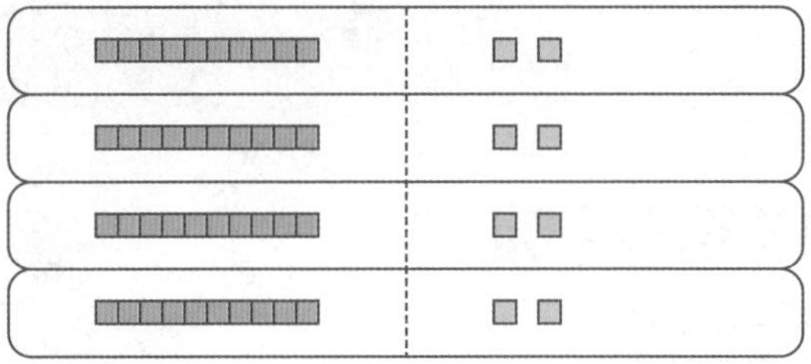

	1	2
×		4

$1 \times 4 =$ ☐ $2 \times 4 =$ ☐

❽

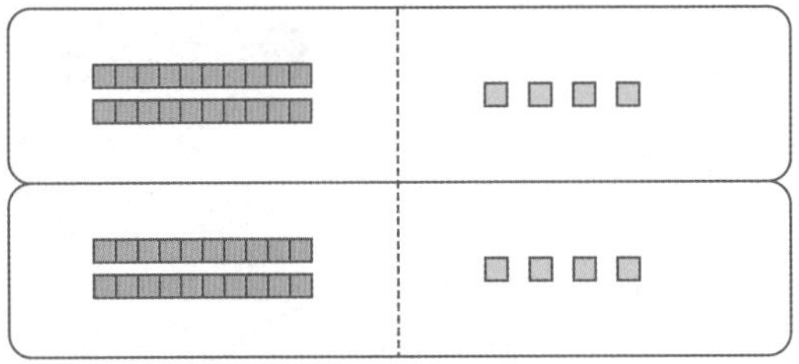

	2	4
×		2

$2 \times 2 =$ ☐ $4 \times 2 =$ ☐

❾

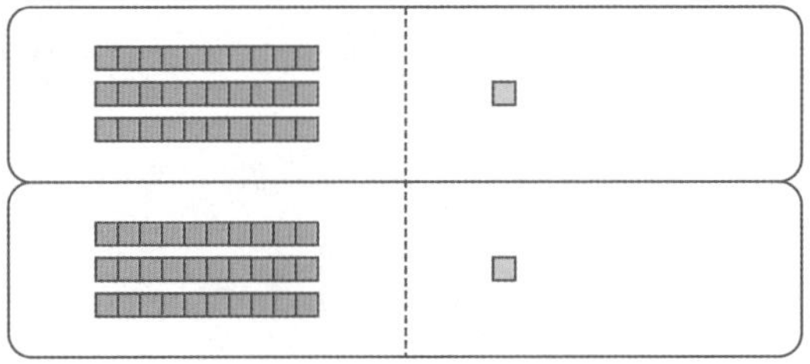

	3	1
×		2

$3 \times 2 =$ ☐ $1 \times 2 =$ ☐

❿

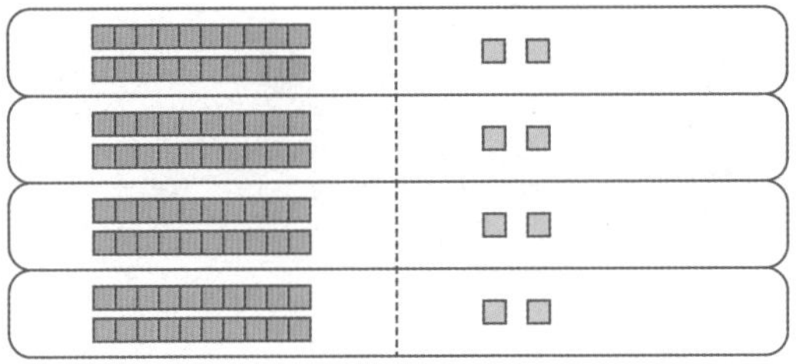

	2	2
×		4

$2 \times 4 =$ ☐ $2 \times 4 =$ ☐

Day 06

일의 자리, 십의 자리 수에 각각 곱한 후 더해 봐.

같은 숫자라도 자리에 따라 값이 다르다는 것에 주의해!

❶

	1	2
×		4
		8
+	4	0

곱한 값을 자리에 맞춰 써야 해.

❶ 2×4

❷ 10×4

❸ 8+40

❷

	1	3
×		2

❸

	2	1
×		3

❹

	3	3
×		2

❺

	2	2
×		4

❻

	3	2
×		2

❼

	1	1
×		4

익숙해지면 덧셈 기호는 생략해도 좋아.

❽

	1	2
×		2

❾

	4	1
×		2

❿

	1	2
×		3

⓫

	3	1
×		3

일의 자리 수와 십의 자리 수에 각각 곱해서 자리에 맞춰 쓰면 돼.

	1	2
×		3
	3	6

❶ 2×3=6은 일의 자리에 쓰고,

❷ 1×3=3은 십의 자리에 써야 해.

⑫

	2	4
×		2

20×2=40이므로 실제로 40을 나타낸다는 것을 잊지 마!

⑬

	1	1
×		8

⑭

	3	4
×		2

⑮

	4	3
×		2

⑯

	2	3
×		2

⑰

	2	2
×		3

⑱

	1	3
×		3

⑲

	2	1
×		4

⑳

	3	2
×		3

㉑

	2	3
×		3

㉒

	1	4
×		2

㉓

	3	3
×		3

㉔

	3	1
×		2

공부 끝!

맞힌 개수

/24개

부모님 확인

오늘의 숫자 **92**에 색칠하세요.

Day 07

일의 자리, 십의 자리
순서로 계산하면 돼.

❶ 11×2

❷ 12×4

❸ 11×5

❹ 22×3

❺ 11×6

❻ 21×2

❼ 44×2

❽ 33×2

❾ 22×4

❿ 23×2

⓫ 13×3

⓬ 24×2

⓭ 31×2

⓮ 34×2

⓯ 32×2

❶ 1×3=3을 먼저 쓰고,

$21 \times 3 = 63$

❷ 2×3=6은 그 앞에 쓰면 돼.

⑯ 11×4

⑰ 43×2

⑱ 32×3

⑲ 42×2

⑳ 12×2

㉑ 11×3

㉒ 22×2

㉓ 13×2

㉔ 33×3

㉕ 14×2

㉖ 11×7

㉗ 41×2

㉘ 11×8

㉙ 21×4

㉚ 31×3

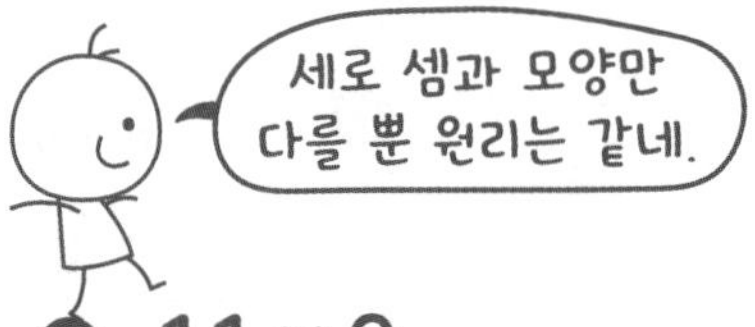

㉛ 11×9

㉜ 12×3

㉝ 23×3

공부 끝!

맞힌 개수

/33개

부모님 확인

오늘의 숫자 **45**에 색칠하세요.

Day 08

일의 자리, 십의 자리를
생각하며 곱셈을 해 봐.

❶ $\begin{array}{r} 23 \\ \times\ \ 2 \\ \hline \end{array}$

❷ $\begin{array}{r} 71 \\ \times\ \ 1 \\ \hline \end{array}$

❸ $\begin{array}{r} 22 \\ \times\ \ 2 \\ \hline \end{array}$

❹ $\begin{array}{r} 24 \\ \times\ \ 2 \\ \hline \end{array}$

❺ $\begin{array}{r} 43 \\ \times\ \ 2 \\ \hline \end{array}$

❻ $\begin{array}{r} 13 \\ \times\ \ 2 \\ \hline \end{array}$

❼ $\begin{array}{r} 42 \\ \times\ \ 2 \\ \hline \end{array}$

❽ $\begin{array}{r} 12 \\ \times\ \ 2 \\ \hline \end{array}$

❾ $\begin{array}{r} 14 \\ \times\ \ 2 \\ \hline \end{array}$

❿ $\begin{array}{r} 23 \\ \times\ \ 3 \\ \hline \end{array}$

⓫ $\begin{array}{r} 21 \\ \times\ \ 4 \\ \hline \end{array}$

⓬ $\begin{array}{r} 32 \\ \times\ \ 2 \\ \hline \end{array}$

⓭ $\begin{array}{r} 33 \\ \times\ \ 3 \\ \hline \end{array}$

⓮ $\begin{array}{r} 41 \\ \times\ \ 2 \\ \hline \end{array}$

⓯ $\begin{array}{r} 54 \\ \times\ \ 1 \\ \hline \end{array}$

⑯ 11×8

⑰ 44×2

⑱ 12×3

⑲ 21×3

⑳ 12×4

㉑ 57×1

㉒ 11×5

㉓ 32×3

㉔ 22×4

㉕ 13×3

㉖ 34×2

㉗ 21×2

㉘ 65×1

㉙ 22×3

㉚ 11×9

㉛ 31×2

㉜ 31×3

㉝ 22×1

㉞ 33×2

공부 끝!

맞힌 개수

/34개

부모님 확인

오늘의 숫자 **19**에 색칠하세요.

부모님 확인

연산 놀이터

까치와 비둘기가 양궁 경기를 하고 있어.
두 새가 쏜 화살이 맞힌 과녁의 수를 각각 곱해서 나오는 점수를 구해 볼까?

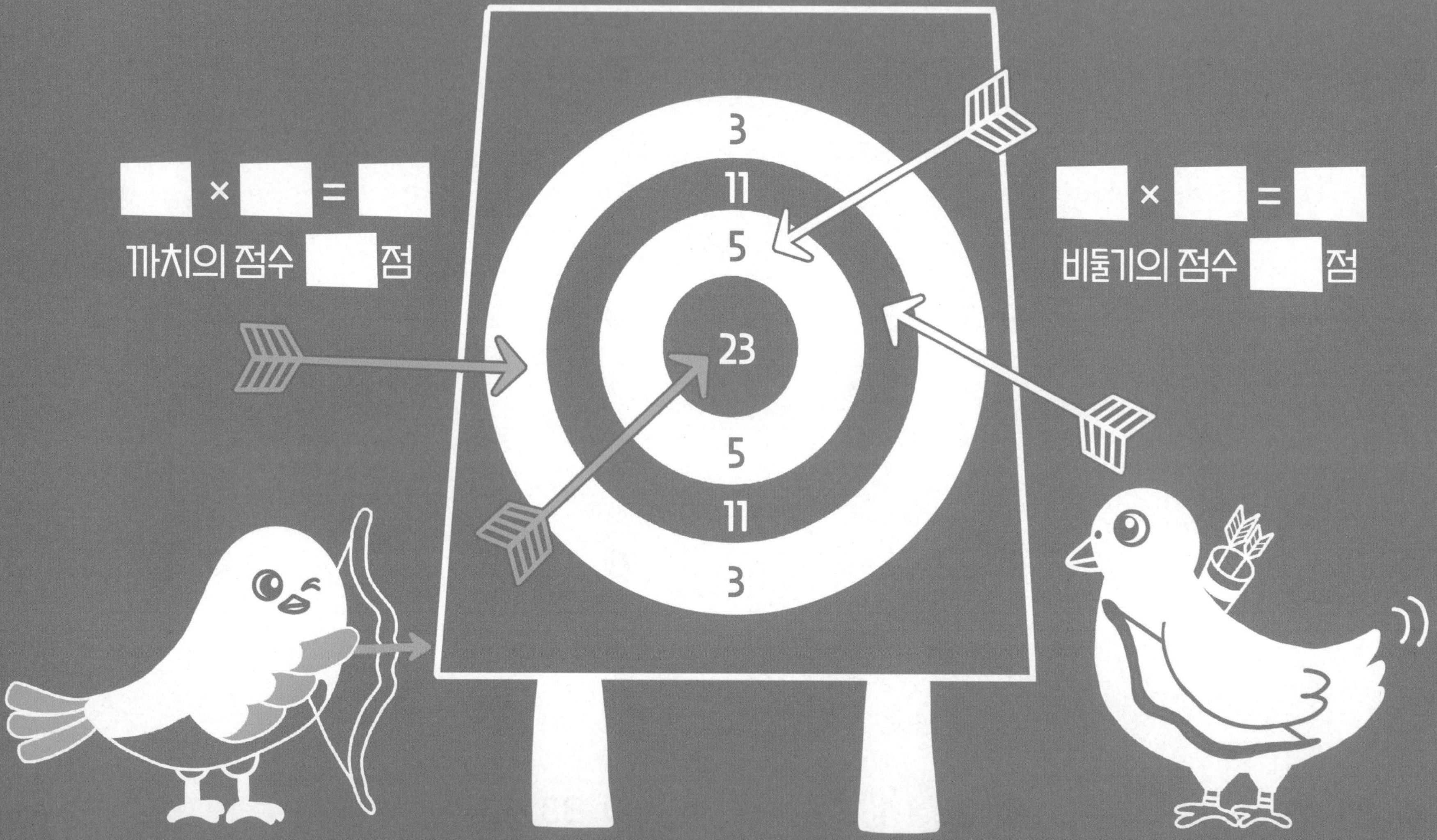

□ × □ = □

까치의 점수 □점

□ × □ = □

비둘기의 점수 □점

03

십의 자리에서 올림이 있는 (두 자리 수)×(한 자리 수)

이번에는 무엇을 배울까?

올림이 없는 (두 자리 수)×(한 자리 수)

십의 자리에서 올림이 있는 (두 자리 수)×(한 자리 수)

일의 자리에서 올림이 있는 (두 자리 수)×(한 자리 수)

이렇게 지도해요!

❶ 먼저 설명해 주세요.

올림이 있는 곱셈을 처음으로 배우는 단계입니다.
십의 자리에서 올림이 있는 곱셈을 먼저 그림과 말로 풀어내었습니다. 아이와 함께 따라 읽어 보면서 십 모형 10개를 백 모형 1개로 바꿔 보며 올림의 의미를 이해하고, 계산 방법을 익힙니다.

❷ 수를 이해하며 계산해요.

설명과 이어지는 그림을 이용하여 Day9에서 재미있게 문제를 풉니다.

❸ 충분히 연습해요.

Day10 ~ Day13의 문제 풀이를 통해 십의 자리에서 올림이 있는 (두 자리 수)×(한 자리 수)를 충분히 연습하여, 일의 자리에서 올림이 있는 (두 자리 수)×(한 자리 수)의 계산을 대비합니다.

스스로 계획을 세워요!

	공부할 날짜	목표 시간	복습할 날짜
Day 09 /50	월 / 일	분 / 9개	월 / 일
Day 10 /50	월 / 일	분 / 24개	월 / 일
Day 11 /50	월 / 일	분 / 30개	월 / 일
Day 12 /50	월 / 일	분 / 36개	월 / 일
Day 13 /50	월 / 일	분 / 38개	월 / 일

선생님의 칠판

52 × 3을 어떻게 구할 수 있을까?

먼저, 수 모형으로 알아보자!

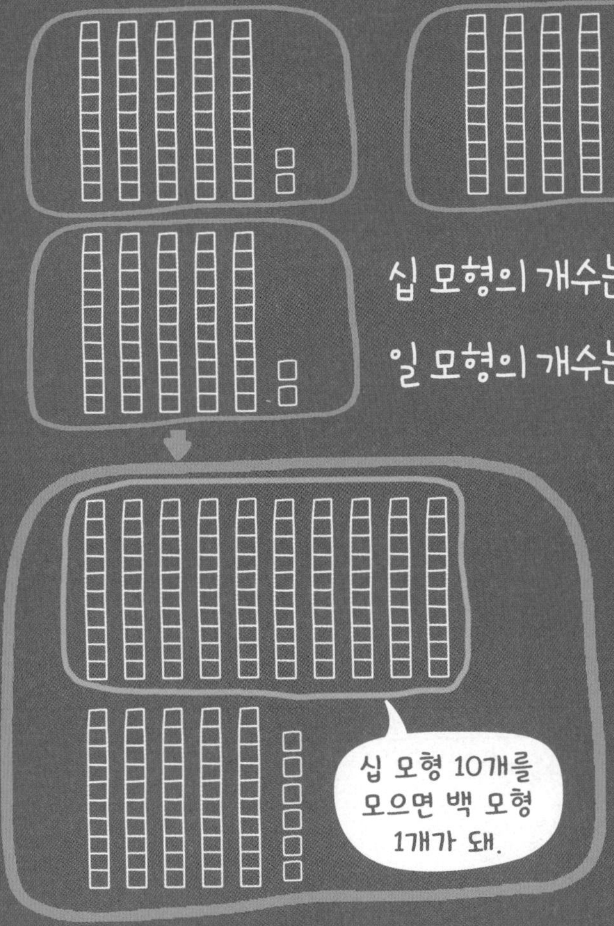

십 모형의 개수는 15 개

일 모형의 개수는 6 개

백 모형 1 개

십 모형 5 개

일 모형 6 개

세로 셈으로도 알아볼까?

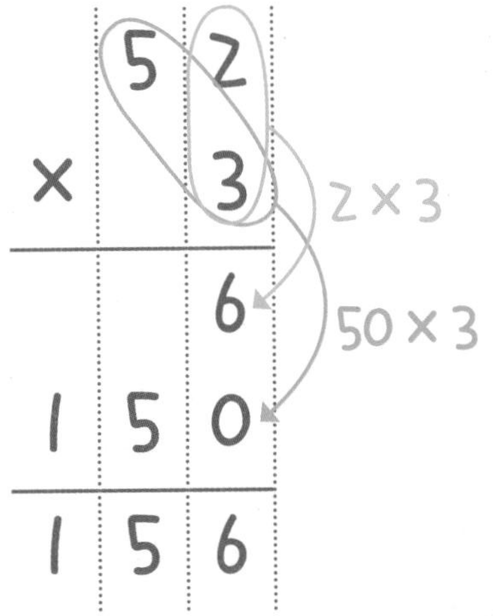

Day 09

(10) 10개는 (100) 1개와 같아.
(10) 10개를 묶어서 (100) 1개로 바꾸고,
각각의 개수를 세어
자리에 맞추어 쓰면 돼.

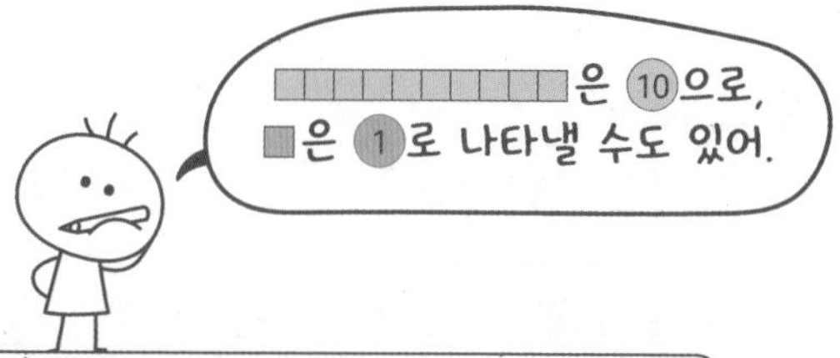

❸

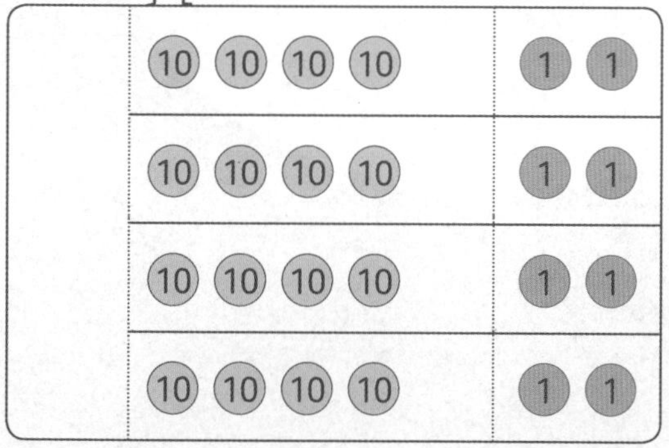

	4	2
×		4

(10) 10개를 묶어서
(100) 1개로 바꾸자.

❶

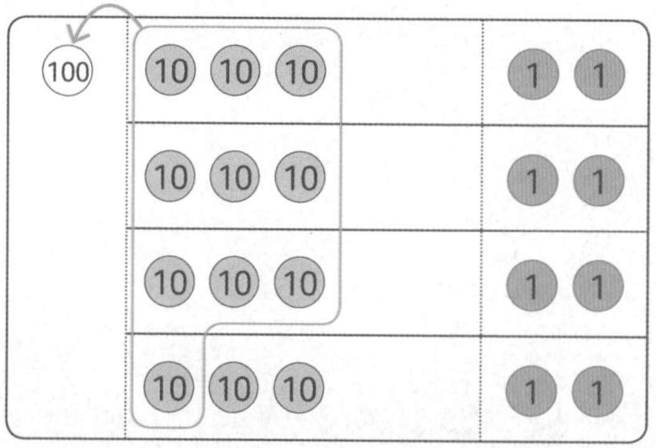

	3	2
×		4

(10)을 10개씩 2번 묶어서 (100) 2개로 바꿔 봐.

❷

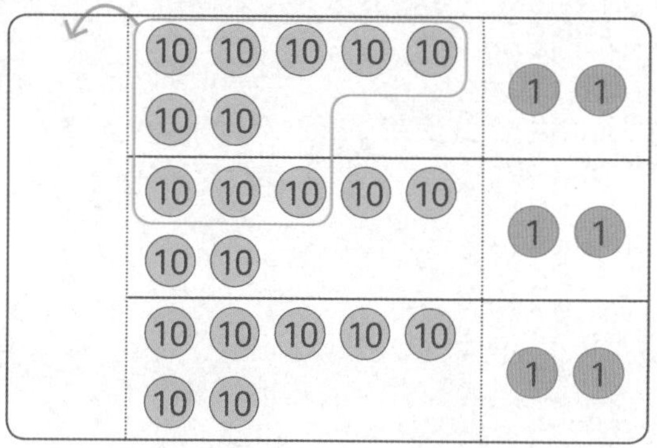

	7	2
×		3

❹

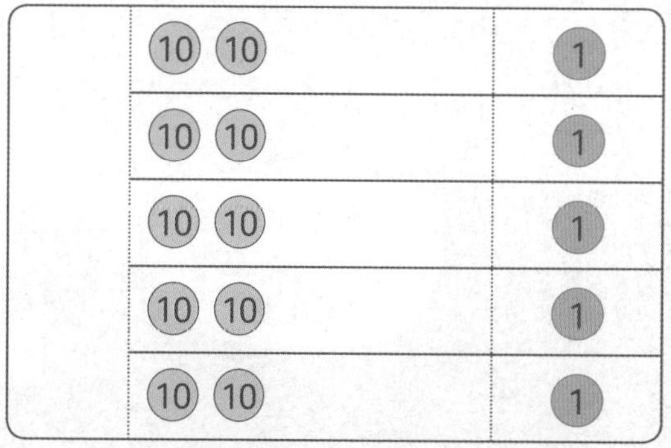

	2	1
×		5

5

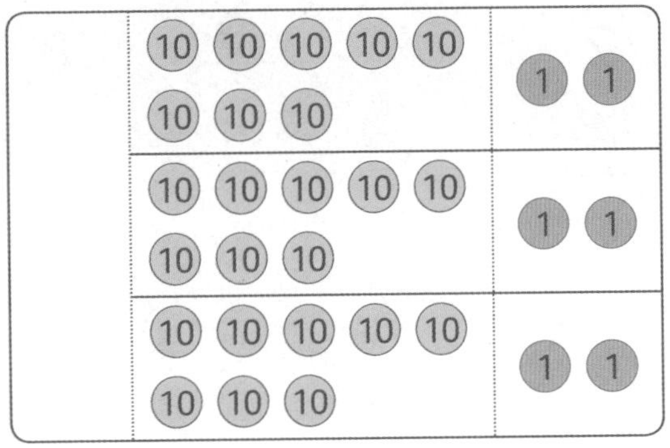

$$\begin{array}{r} 8\,2 \\ \times\quad 3 \\ \hline \end{array}$$

6

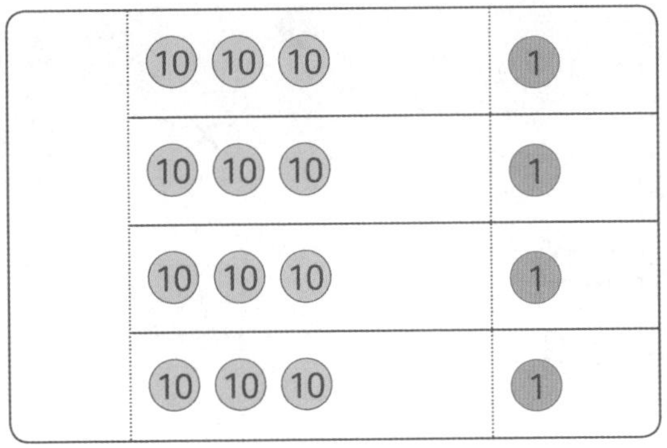

$$\begin{array}{r} 3\,1 \\ \times\quad 4 \\ \hline \end{array}$$

7

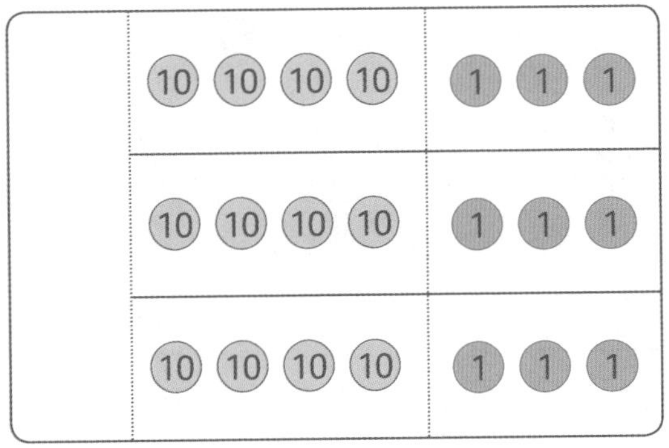

$$\begin{array}{r} 4\,3 \\ \times\quad 3 \\ \hline \end{array}$$

8

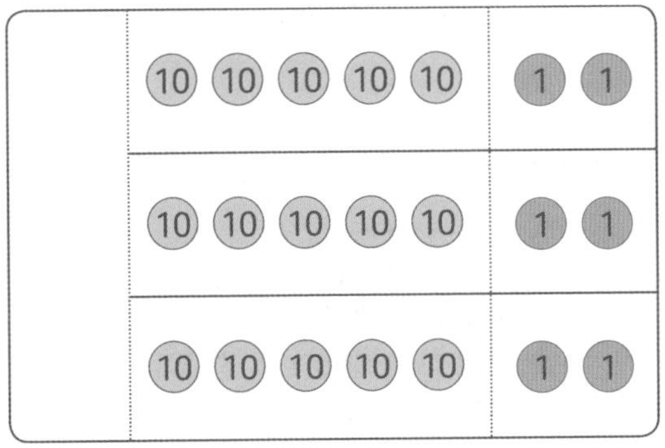

$$\begin{array}{r} 5\,2 \\ \times\quad 3 \\ \hline \end{array}$$

9

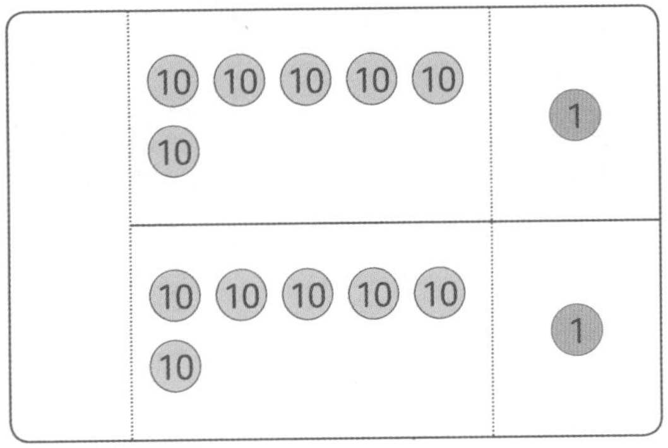

$$\begin{array}{r} 6\,1 \\ \times\quad 2 \\ \hline \end{array}$$

공부 끝!

맞힌 개수 /9개

부모님 확인

오늘의 숫자 **73**에 색칠하세요.

Day 10

일의 자리 수와 십의 자리 수에 각각 곱해서 더하는 거야.

❶

	6	4
×		2
		8
1	2	0

❶ 4×2
❷ 60×2
❸ 8+120

❷

	8	2
×		4

❸

	6	2
×		2

❹

	6	3
×		3

❺

	5	2
×		4

자릿값에 따라 정확히 계산해야 실수하지 않아.

50×4를 계산해야 한다는 것!

❻

	2	1
×		9

❼

	7	4
×		2

❽

	9	3
×		3

❾

	4	3
×		3

❿

	8	3
×		2

⓫

	5	1
×		8

십의 자리를 계산한 값이 100이거나 100보다 크면 백의 자리로 올림해야 해!

	3	2
×		4
1	2	8

십의 자리에서 올림한 수야.

❶ 2×4=8

❷ 30×4=120이므로 2를 십의 자리에, 1을 백의 자리에 써야 해.

⑫ 42 × 4

⑬ 62 × 3

⑭ 82 × 2

⑮ 42 × 3

⑯ 61 × 7

⑰ 92 × 3

⑱ 73 × 3

⑲ 31 × 9

⑳ 51 × 6

5×6=30에서 0은 십의 자리에 써야 해!

㉑ 63 × 2

㉒ 81 × 5

㉓ 53 × 3

㉔ 72 × 3

공부 끝!

맞힌 개수 /24개

부모님 확인

오늘의 숫자 **86**에 색칠하세요.

Day 11

십의 자리 수와의
곱에서 올림한 수는
백의 자리에 써야 해.

❶ 52×4

❷ 92×2

❸ 32×4

❹ 63×2

❺ 42×4

❻ 64×2

❼ 31×8

❽ 71×6

❾ 52×3

❿ 43×3

⓫ 54×2

⓬ 72×4

⓭ 62×4

⓮ 84×2

⓯ 82×4

⓰ 81×6

⓱ 92×3

⓲ 53×3

⓳ 21×6

⑳ 31 × 4 =

	3	1
×		4

세로 셈으로도 바꿔서 풀어 봐!

㉑ 92 × 4 =

㉒ 72 × 3 =

㉓ 74 × 2 =

㉔ 42 × 3 =

㉕ 71 × 5 =

㉖ 62 × 3 =

㉗ 51 × 8 =

㉘ 83 × 3 =

㉙ 53 × 2 =

㉚ 61 × 9 =

공부 끝!

맞힌 개수

/30개

부모님 확인

오늘의 숫자 **1**에 색칠하세요.

월 일 /5 분

Day 12

일의 자리 수와의 곱 앞에 십의 자리 수와의 곱을 쓰면 돼!

❶ 2×4=8을 먼저 쓰고,

32 × 4 = 128

❷ 3×4=12를 쓰면 돼.

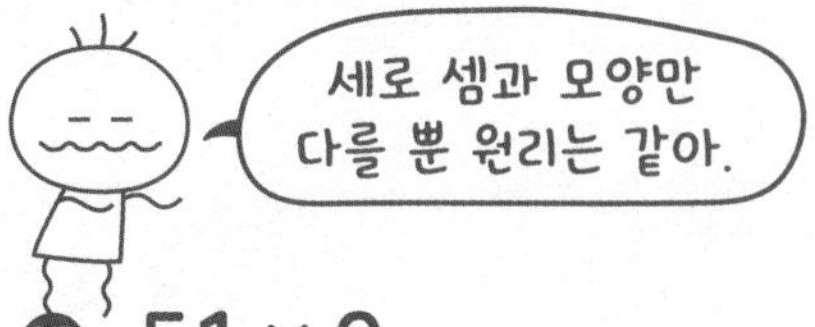

❶ 91 × 6 ❷ 82 × 4 ❸ 21 × 6

❹ 52 × 3 ❺ 42 × 3 ❻ 94 × 2

❼ 63 × 2 ❽ 92 × 2 ❾ 73 × 2

❿ 51 × 9 ⓫ 41 × 5 ⓬ 51 × 5 ⓭ 83 × 3

⓮ 71 × 2 ⓯ 81 × 7 ⓰ 64 × 2 ⓱ 91 × 8

⑱ $\begin{array}{r} 72 \\ \times\ \ 4 \\ \hline \end{array}$

⑲ $\begin{array}{r} 51 \\ \times\ \ 2 \\ \hline \end{array}$

⑳ $\begin{array}{r} 43 \\ \times\ \ 3 \\ \hline \end{array}$

㉑ $\begin{array}{r} 61 \\ \times\ \ 3 \\ \hline \end{array}$

㉒ $\begin{array}{r} 93 \\ \times\ \ 3 \\ \hline \end{array}$

㉓ $\begin{array}{r} 62 \\ \times\ \ 3 \\ \hline \end{array}$

㉔ $\begin{array}{r} 92 \\ \times\ \ 4 \\ \hline \end{array}$

㉕ $\begin{array}{r} 62 \\ \times\ \ 4 \\ \hline \end{array}$

㉖ $\begin{array}{r} 53 \\ \times\ \ 2 \\ \hline \end{array}$

㉗ $\begin{array}{r} 61 \\ \times\ \ 5 \\ \hline \end{array}$

㉘ $\begin{array}{r} 51 \\ \times\ \ 6 \\ \hline \end{array}$

㉙ $\begin{array}{r} 82 \\ \times\ \ 3 \\ \hline \end{array}$

㉚ $\begin{array}{r} 73 \\ \times\ \ 3 \\ \hline \end{array}$

㉛ $\begin{array}{r} 41 \\ \times\ \ 8 \\ \hline \end{array}$

㉜ $\begin{array}{r} 72 \\ \times\ \ 3 \\ \hline \end{array}$

㉝ $\begin{array}{r} 83 \\ \times\ \ 2 \\ \hline \end{array}$

㉞ $\begin{array}{r} 91 \\ \times\ \ 7 \\ \hline \end{array}$

㉟ $\begin{array}{r} 84 \\ \times\ \ 2 \\ \hline \end{array}$

㊱ $\begin{array}{r} 53 \\ \times\ \ 3 \\ \hline \end{array}$

공부 끝!

맞힌 개수

/36개

부모님 확인

오늘의 숫자 **52**에 색칠하세요.

Day 13

십의 자리에서의 올림을
생각하며 계산해 봐.

❶ 21×5

❷ 82×3

❸ 72×4

❹ 92×2

❺ 32×4

❻ 94×2

❼ 81×4

❽ 62×4

❾ 61×8

❿ 43×3

⓫ 74×2

⓬ 71×4

⓭ 31×5

⓮ 52×4

⓯ 63×3

⓰ 42×3

⓱ 54×2

⓲ 71×7

⓳ 84×2

⑳ $\begin{array}{r} 91 \\ \times\ \ 9 \\ \hline \end{array}$

㉑ $\begin{array}{r} 63 \\ \times\ \ 2 \\ \hline \end{array}$

㉒ $\begin{array}{r} 72 \\ \times\ \ 3 \\ \hline \end{array}$

㉓ $\begin{array}{r} 52 \\ \times\ \ 2 \\ \hline \end{array}$

㉔ $\begin{array}{r} 31 \\ \times\ \ 4 \\ \hline \end{array}$

㉕ $\begin{array}{r} 64 \\ \times\ \ 2 \\ \hline \end{array}$

㉖ $\begin{array}{r} 31 \\ \times\ \ 9 \\ \hline \end{array}$

㉗ $\begin{array}{r} 93 \\ \times\ \ 2 \\ \hline \end{array}$

㉘ $\begin{array}{r} 71 \\ \times\ \ 6 \\ \hline \end{array}$

㉙ $\begin{array}{r} 82 \\ \times\ \ 4 \\ \hline \end{array}$

㉚ $\begin{array}{r} 41 \\ \times\ \ 4 \\ \hline \end{array}$

㉛ $\begin{array}{r} 53 \\ \times\ \ 2 \\ \hline \end{array}$

㉜ $\begin{array}{r} 83 \\ \times\ \ 3 \\ \hline \end{array}$

㉝ $\begin{array}{r} 42 \\ \times\ \ 4 \\ \hline \end{array}$

㉞ $\begin{array}{r} 91 \\ \times\ \ 3 \\ \hline \end{array}$

㉟ $\begin{array}{r} 61 \\ \times\ \ 4 \\ \hline \end{array}$

㊱ $\begin{array}{r} 73 \\ \times\ \ 3 \\ \hline \end{array}$

㊲ $\begin{array}{r} 51 \\ \times\ \ 8 \\ \hline \end{array}$

㊳ $\begin{array}{r} 92 \\ \times\ \ 3 \\ \hline \end{array}$

공부 끝!

맞힌 개수 /38개

부모님 확인

오늘의 숫자 **23**에 색칠하세요.

연산 놀이터

부모님 확인

고구마의 개수를 구하던 강아지가 계산을 틀려서 울고 있어.
계산이 잘못된 곳을 찾아 바르게 고쳐서 강아지를 도와줄까?

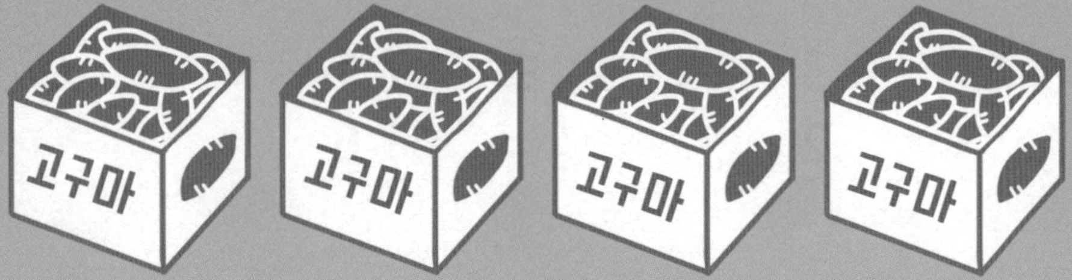

42개씩 들어 있는 고구마가 4상자 있어.
고구마는 모두 몇 개일까?

강아지의 계산

$$\begin{array}{r} 4\ 2 \\ \times \quad 4 \\ \hline 8 \\ 1\ 6 \\ \hline 2\ 4 \end{array}$$

(24)개

나의 계산

(　　)개

04

일의 자리에서 올림이 있는 (두 자리 수)×(한 자리 수)

이번에는 무엇을 배울까?

십의 자리에서 올림이 있는 (두 자리 수)×(한 자리 수)	일의 자리에서 올림이 있는 (두 자리 수)×(한 자리 수)	올림이 두 번 있는 (두 자리 수)×(한 자리 수)

❶ 먼저 설명해 주세요.

일의 자리에서 올림이 있는 곱셈 내용을 그림과 말로 풀어내었습니다. 직접 일 모형 10개를 십 모형 1개로 바꿔 보며 올림의 의미를 이해하고, 계산 방법을 익힙니다. 또한, 덧셈에서 받아올림한 수와 곱셈에서 올림한 수의 계산 방법의 차이를 생각해 봅니다.

❷ 수를 이해하며 계산해요.

설명과 이어지는 그림을 이용하여 Day14에서 재미있게 문제를 풉니다.

❸ 충분히 연습해요.

일의 자리에서 올림이 있는 (두 자리 수)×(한 자리 수)의 계산은 올림이 두 번 있는 곱셈의 기초가 되므로 Day15 ~ Day18의 문제 풀이를 통해 충분히 연습합니다.

	공부할 날짜	목표 시간	복습할 날짜
Day 14/50	월 / 일	분 / 9개	월 / 일
Day 15/50	월 / 일	분 / 23개	월 / 일
Day 16/50	월 / 일	분 / 34개	월 / 일
Day 17/50	월 / 일	분 / 30개	월 / 일
Day 18/50	월 / 일	분 / 38개	월 / 일

선생님의 칠판

16 × 2를 어떻게 구할 수 있을까?

먼저, 수 모형으로 알아보자!

십 모형의 개수는 2 개

일 모형의 개수는 12 개

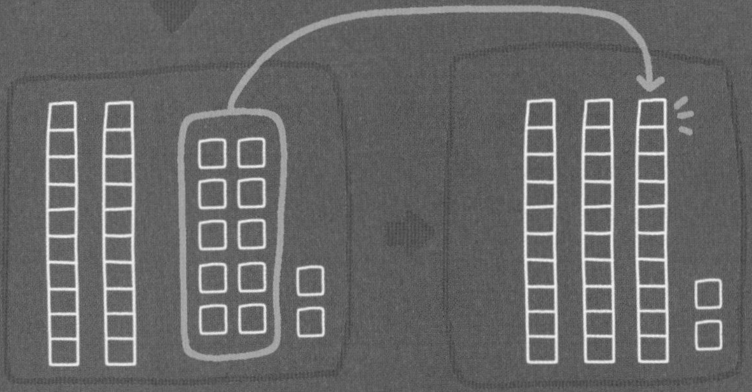

일 모형 10개를

십 모형 1개로 바꾸면

십 모형 3 개 일 모형 2 개

세로 셈으로도 알아볼까?

$$\begin{array}{r} 1\ 6 \\ \times\ \ \ 2 \\ \hline 1\ 2 \\ 2\ 0 \\ \hline 3\ 2 \end{array}$$

6 × 2

10 × 2

Day 14

① 10개는 ⑩ 1개와 같아.
①을 10개씩 묶어 ⑩ 1개로 바꾸고,
①과 ⑩의 개수를 세어
각 자리에 맞춰 쓰면 돼.

❶

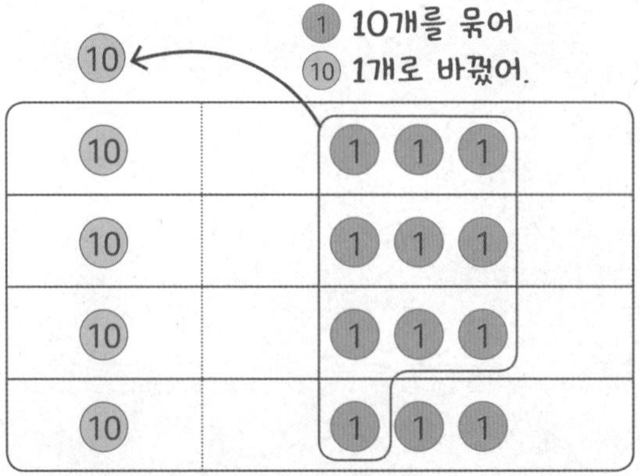

	1	3
×		4

❷

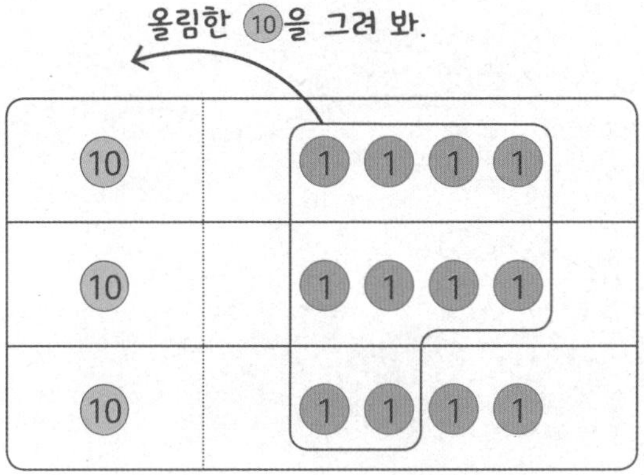

	1	4
×		3

❸

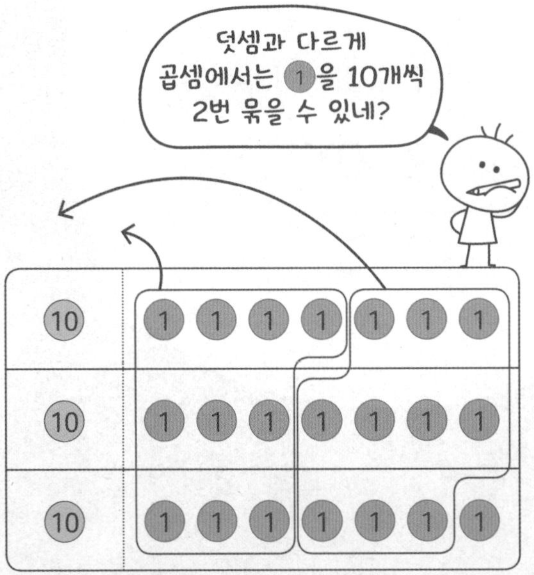

	1	7
×		3

❹

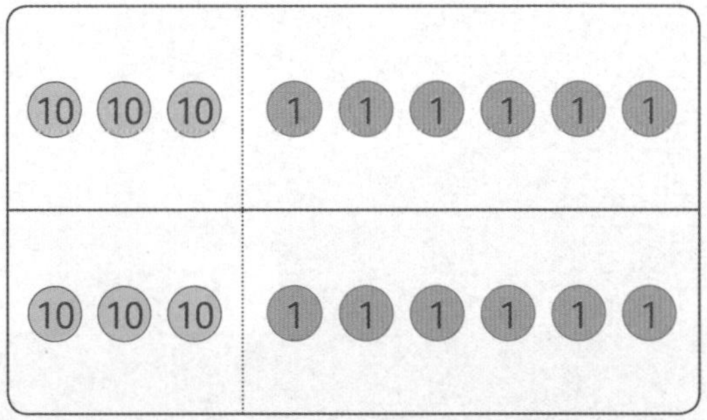

	3	6
×		2

5

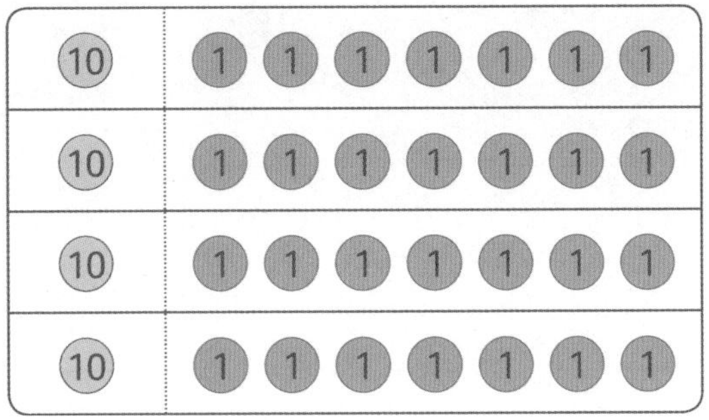

$$\begin{array}{r} 17 \\ \times\ \ 4 \\ \hline \end{array}$$

6

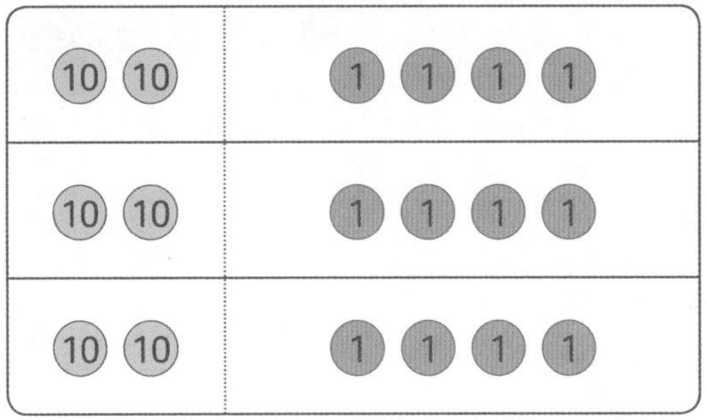

$$\begin{array}{r} 24 \\ \times\ \ 3 \\ \hline \end{array}$$

7

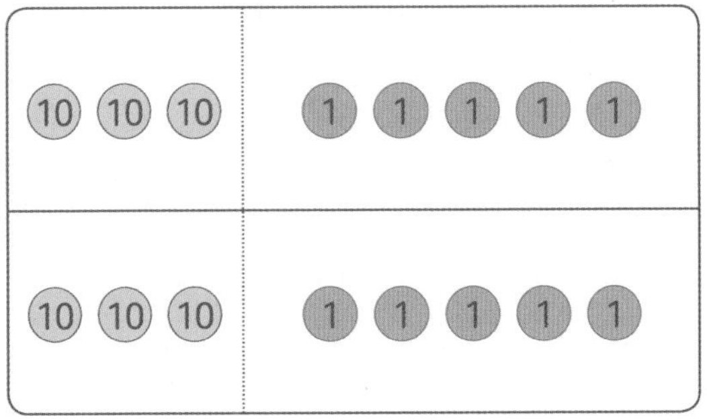

$$\begin{array}{r} 35 \\ \times\ \ 2 \\ \hline \end{array}$$

8

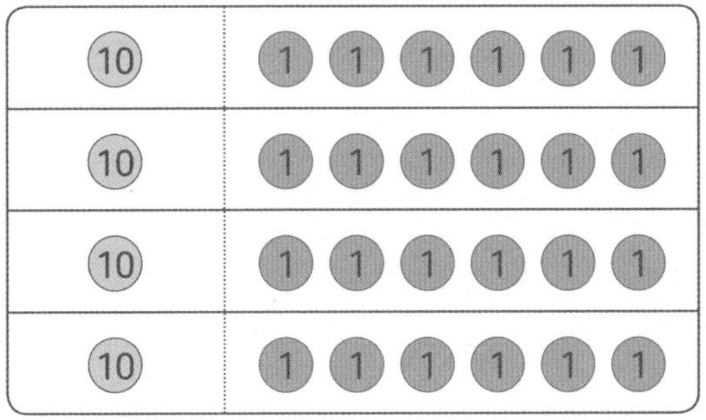

$$\begin{array}{r} 16 \\ \times\ \ 4 \\ \hline \end{array}$$

9

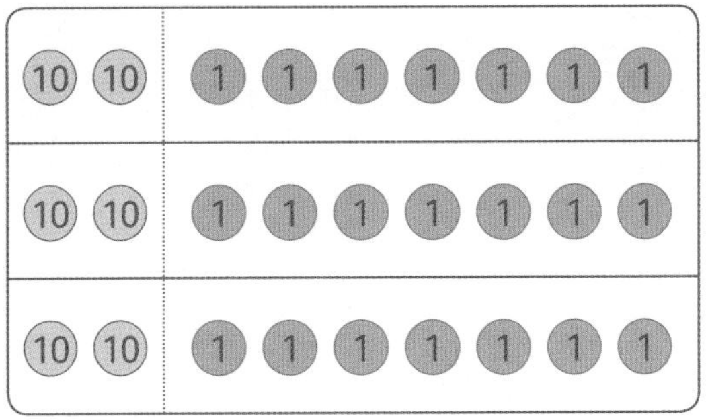

$$\begin{array}{r} 27 \\ \times\ \ 3 \\ \hline \end{array}$$

공부 끝!

맞힌 개수

/9개

부모님 확인

오늘의 숫자 **64**에 색칠하세요.

월 일 /7 분

Day 15

일의 자리 수와 십의 자리 수에 각각 곱해서 더하는 거야.

❶
	3	8
×		2
	1	6
	6	0

❶ 8×2
❷ 30×2
❸ 16+60

❷ 25×3

❸ 18×4

❹ 12×5

❺ 27×2

❻ 16×4

❼ 49×2

❽ 23×4

❾ 47×2

❿ 13×7

⓫ 37×2

일의 자리에서 올림한 수는 십의 자리를 계산한 값에 더하여 써야 해.

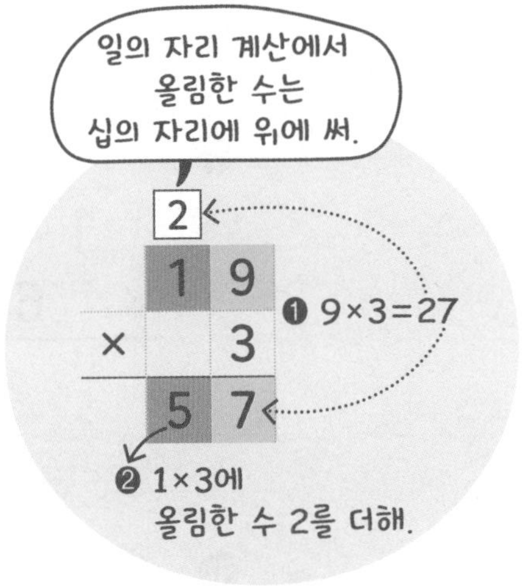

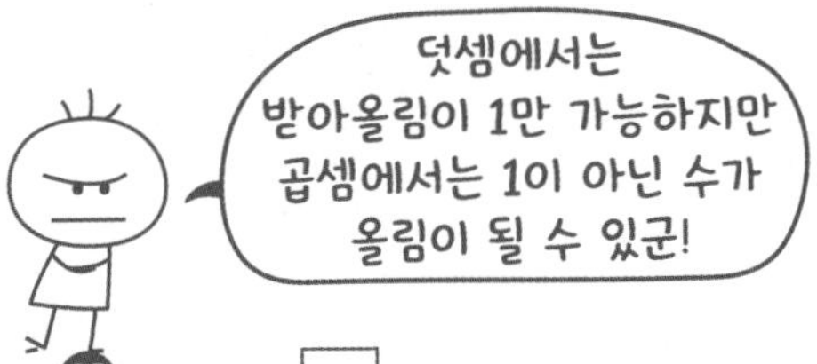

⑫

	□	
	1	2
×		8

⑬

	□	
	2	8
×		3

⑭

	□	
	1	6
×		2

⑮

	□	
	1	4
×		5

⑯

	□	
	1	5
×		6

⑰

	□	
	2	4
×		3

⑱

	□	
	1	3
×		6

⑲

	□	
	2	9
×		3

⑳

	□	
	1	9
×		5

㉑

	□	
	1	6
×		6

㉒

	□	
	3	6
×		2

㉓

	□	
	2	5
×		2

공부 끝!

맞힌 개수 /23개

부모님 확인

오늘의 숫자 **16**에 색칠하세요.

Day 16

일의 자리에서 올림한 수를 십의 자리 계산에서 빠뜨리지 마!

❶ □ ← 십의 자리 계산 1×6에 꼭 더해야 해!

$\begin{array}{r} 16 \\ \times\ \ 6 \\ \hline \end{array}$

❷ □

$\begin{array}{r} 18 \\ \times\ \ 3 \\ \hline \end{array}$

❸ □

$\begin{array}{r} 29 \\ \times\ \ 2 \\ \hline \end{array}$

❹ □

$\begin{array}{r} 15 \\ \times\ \ 5 \\ \hline \end{array}$

❺ □

$\begin{array}{r} 26 \\ \times\ \ 2 \\ \hline \end{array}$

❻ □

$\begin{array}{r} 39 \\ \times\ \ 2 \\ \hline \end{array}$

❼ □

$\begin{array}{r} 14 \\ \times\ \ 6 \\ \hline \end{array}$

❽ □

$\begin{array}{r} 17 \\ \times\ \ 4 \\ \hline \end{array}$

❾ □

$\begin{array}{r} 13 \\ \times\ \ 5 \\ \hline \end{array}$

❿ □

$\begin{array}{r} 35 \\ \times\ \ 2 \\ \hline \end{array}$

⓫ □

$\begin{array}{r} 17 \\ \times\ \ 5 \\ \hline \end{array}$

⓬ □

$\begin{array}{r} 23 \\ \times\ \ 4 \\ \hline \end{array}$

⓭ □

$\begin{array}{r} 16 \\ \times\ \ 4 \\ \hline \end{array}$

⓮ □

$\begin{array}{r} 25 \\ \times\ \ 3 \\ \hline \end{array}$

⓯ □

$\begin{array}{r} 47 \\ \times\ \ 2 \\ \hline \end{array}$

네모 칸이 없어도 올림한 수를 자리에 맞춰 쓰면 돼.

16. $\begin{array}{r} {}^{1}\\ 13 \\ \times\ \ 4 \\ \hline \end{array}$

17. $\begin{array}{r} 28 \\ \times\ \ 2 \\ \hline \end{array}$

18. $\begin{array}{r} 49 \\ \times\ \ 2 \\ \hline \end{array}$

19. $\begin{array}{r} 36 \\ \times\ \ 2 \\ \hline \end{array}$

20. $\begin{array}{r} 14 \\ \times\ \ 7 \\ \hline \end{array}$

21. $\begin{array}{r} 19 \\ \times\ \ 4 \\ \hline \end{array}$

22. $\begin{array}{r} 14 \\ \times\ \ 4 \\ \hline \end{array}$

23. $\begin{array}{r} 17 \\ \times\ \ 3 \\ \hline \end{array}$

24. $\begin{array}{r} 48 \\ \times\ \ 2 \\ \hline \end{array}$

25. $\begin{array}{r} 15 \\ \times\ \ 4 \\ \hline \end{array}$

26. $\begin{array}{r} 18 \\ \times\ \ 5 \\ \hline \end{array}$

27. $\begin{array}{r} 15 \\ \times\ \ 2 \\ \hline \end{array}$

28. $\begin{array}{r} 24 \\ \times\ \ 3 \\ \hline \end{array}$

29. $\begin{array}{r} 16 \\ \times\ \ 5 \\ \hline \end{array}$

30. $\begin{array}{r} 19 \\ \times\ \ 2 \\ \hline \end{array}$

31. $\begin{array}{r} 12 \\ \times\ \ 6 \\ \hline \end{array}$

32. $\begin{array}{r} 18 \\ \times\ \ 2 \\ \hline \end{array}$

33. $\begin{array}{r} 29 \\ \times\ \ 3 \\ \hline \end{array}$

34. $\begin{array}{r} 37 \\ \times\ \ 2 \\ \hline \end{array}$

공부 끝!

맞힌 개수 /34개

부모님 확인

오늘의 숫자 **49**에 색칠하세요.

Day 17

올림한 수를 잊지 말고 십의 자리 계산에 더해 줘.

❶ 16×4

❷ 45×2

❸ 39×2

❹ 27×3

❺ 14×5

❻ 23×4

❼ 19×5

❽ 16×6

❾ 28×3

❿ 38×2

⓫ 24×4

⓬ 17×4

⓭ 48×2

⓮ 25×3

⓯ 13×5

⓰ 35×2

⓱ 18×3

⓲ 15×4

⓳ 37×2

⑳ 16 × 3 =

	1	6
×		3

올림이 있는 경우
세로 셈으로 바꾸면
더 편리해!

㉑ 13 × 7 =

㉒ 27 × 2 =

㉓ 15 × 6 =

㉔ 25 × 2 =

㉕ 18 × 4 =

㉖ 29 × 3 =

㉗ 26 × 3 =

㉘ 17 × 5 =

㉙ 46 × 2 =

㉚ 47 × 2 =

공부 끝!

맞힌 개수 /30개

부모님 확인

오늘의 숫자 **80**에 색칠하세요.

월 일 /7 분

Day 18

올림한 수를 십의 자리 위에 작게 적으면 실수를 줄일 수 있어.

❶ 16×5

❷ 26×3

❸ 35×2

❹ 13×4

❺ 15×2

❻ 28×3

❼ 17×5

❽ 49×2

❾ 25×3

❿ 26×2

⓫ 48×2

⓬ 15×5

⓭ 14×6

⓮ 37×2

⓯ 24×4

⓰ 16×2

⓱ 38×2

⓲ 29×3

⓳ 18×4

⑳ 19 × 3

㉑ 14 × 3

㉒ 29 × 2

㉓ 13 × 7

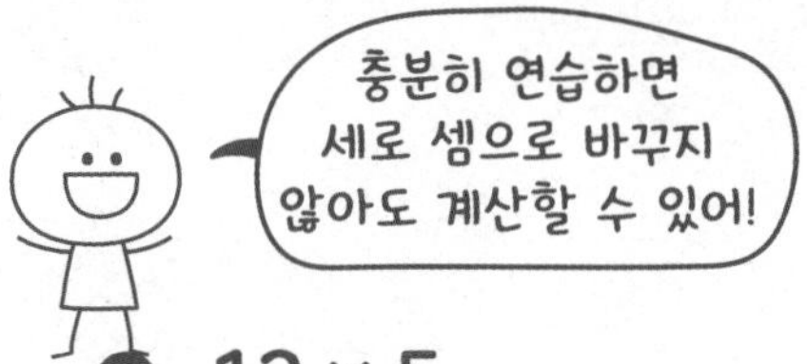

㉔ 12 × 5

㉕ 27 × 2

㉖ 36 × 2

㉗ 15 × 6

㉘ 27 × 3

㉙ 14 × 7

㉚ 47 × 2

㉛ 28 × 2

㉜ 45 × 2

㉝ 18 × 5

㉞ 46 × 2

㉟ 16 × 6

㊱ 15 × 3

㊲ 24 × 3

㊳ 17 × 2

공부 끝!

맞힌 개수

/38개

부모님 확인

오늘의 숫자 **56**에 색칠하세요.

연산 놀이터

부모님 확인

올림이 있는 (두 자리 수)×(한 자리 수)를 계산하고 답이 같은 양말끼리
짝을 지어 같은 무늬를 그려 봐!

05

올림이 두 번 있는 (두 자리 수)×(한 자리 수)

이번에는 무엇을 배울까?

일의 자리에서 올림이 있는 (두 자리 수)×(한 자리 수)

올림이 두 번 있는 (두 자리 수)×(한 자리 수)

올림이 없는 (세 자리 수)×(한 자리 수)

이렇게 지도해요!

❶ 먼저 설명해 주세요.

일의 자리와 십의 자리에서 올림이 있는 곱셈을 동시에 적용해 보는 단계입니다. '올림한 수는 바로 윗자리의 곱과 더한다.'는 핵심 내용은 같음을 이해하고, 아이와 함께 따라 읽어 보면서 올림이 두 번 있는 곱셈의 계산 방법을 익힙니다.

❷ 수를 이해하며 계산해요.

설명과 이어지는 그림을 이용하여 Day19에서 재미있게 문제를 풉니다.

❸ 충분히 연습해요.

올림이 있는 곱셈은 곱셈과 덧셈을 동시에 해야 하는 계산입니다. 따라서 Day20 ~ Day23의 문제 풀이를 통해 올림이 있는 (두 자리 수)×(한 자리 수)를 충분히 연습하여 (세 자리 수)×(한 자리 수)의 기초를 다집니다.

스스로 계획을 세워요!

	공부할 날짜	목표 시간	복습할 날짜
Day 19 / 50	월 / 일	분 / 7개	월 / 일
Day 20 / 50	월 / 일	분 / 23개	월 / 일
Day 21 / 50	월 / 일	분 / 34개	월 / 일
Day 22 / 50	월 / 일	분 / 30개	월 / 일
Day 23 / 50	월 / 일	분 / 38개	월 / 일

선생님의 칠판

45×3을 어떻게 구할 수 있을까?

먼저, 수 모형으로 알아보자!

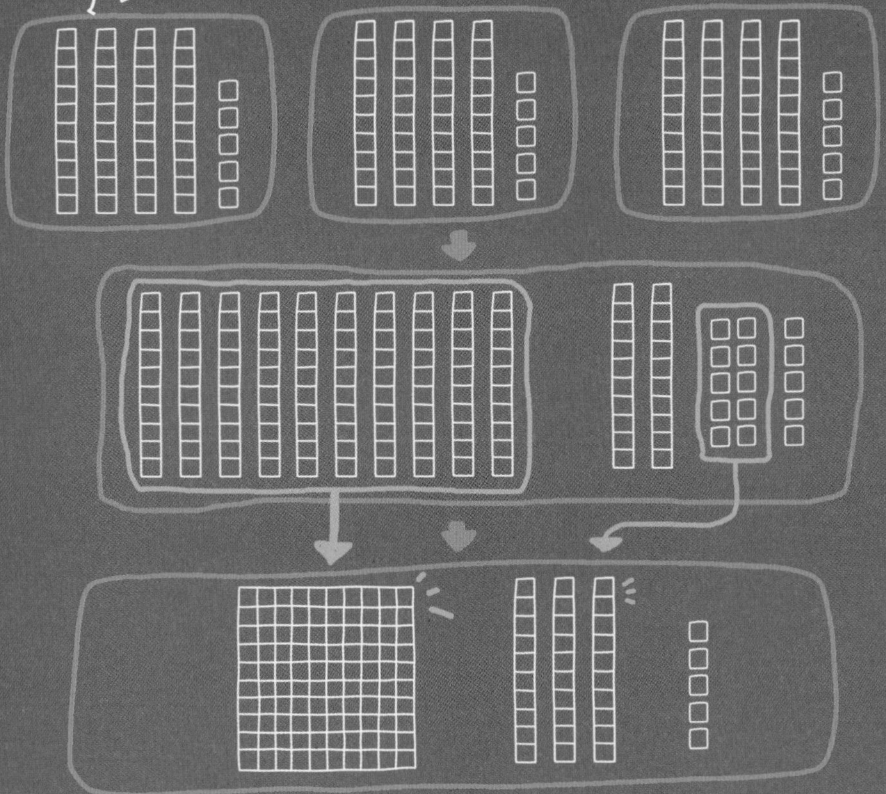

백 모형 1 개 　 십 모형 3 개 　 일 모형 5 개

세로 셈으로도 알아볼까?

$$
\begin{array}{r}
45 \\
\times \quad 3 \\
\hline
15 \\
120 \\
\hline
135
\end{array}
$$

5×3

40×3

Day 19

① 10개를 ⑩ 1개로,
⑩ 10개를 ⑽ 1개로 바꾸고,
①, ⑩, ⑽의 개수를 세어
각 자리에 맞춰 써 봐.

❶

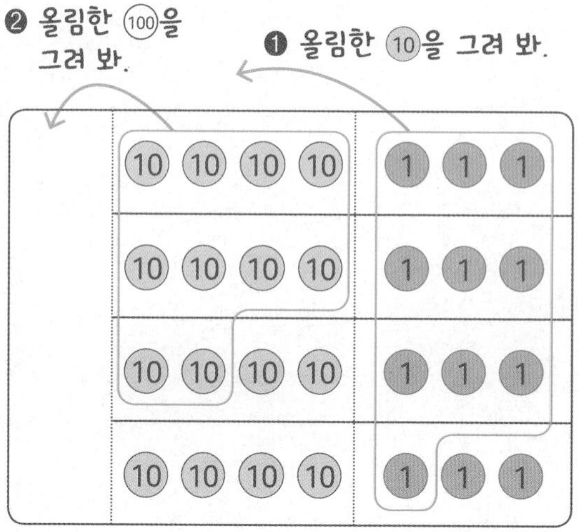

	4	3
×		4

❷

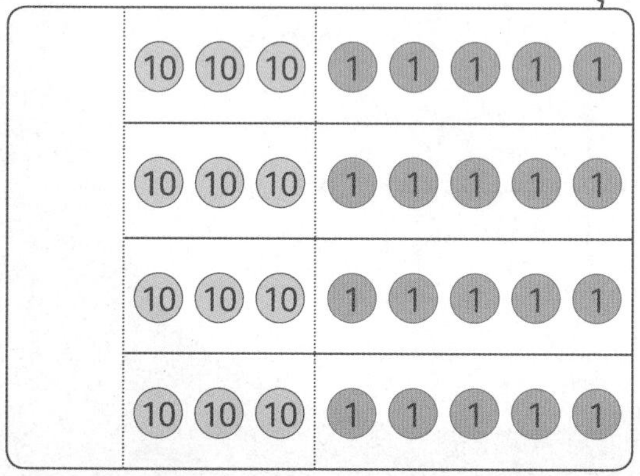

	3	5
×		4

❸

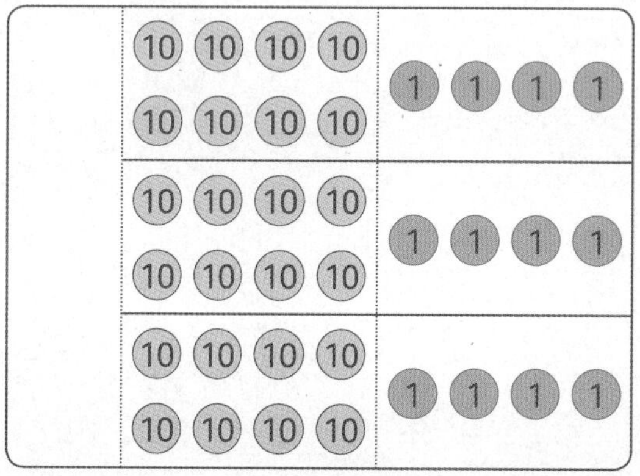

	8	4
×		3

❹

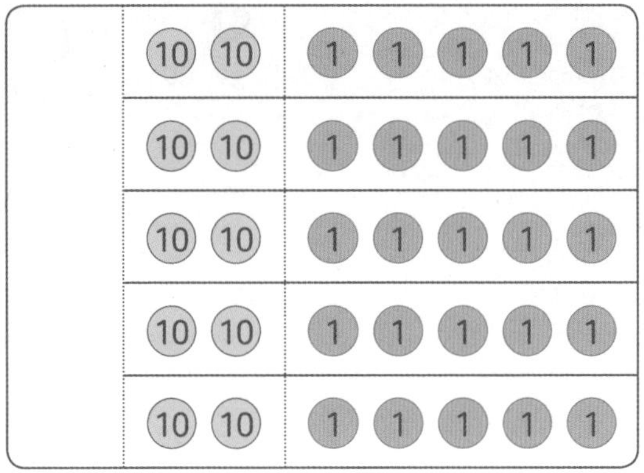

	2	5
×		5

❺

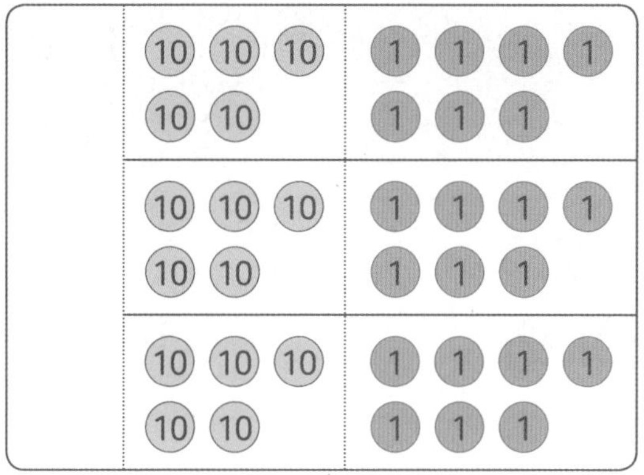

	5	7
×		3

❻

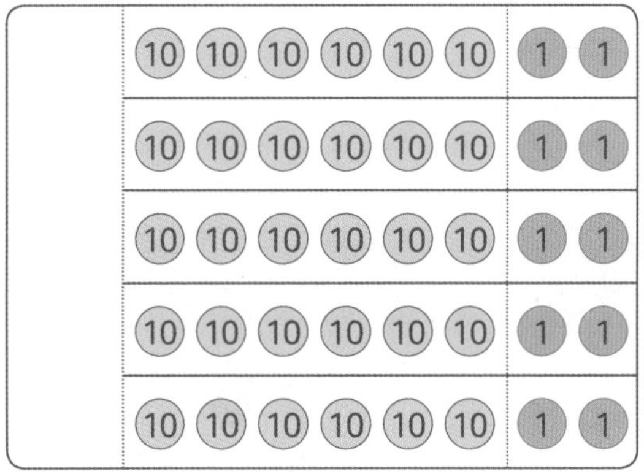

	6	2
×		5

❼

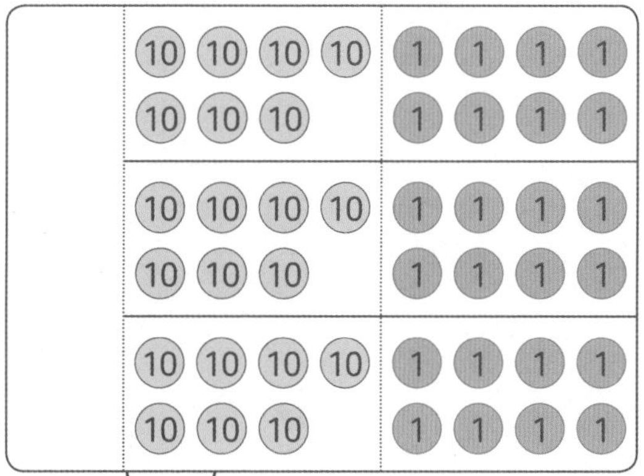

	7	8
×		3

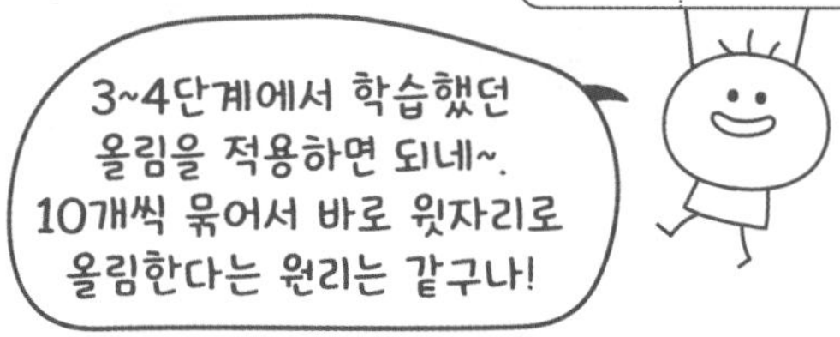

공부 끝!

맞힌 개수 /7개

부모님 확인

오늘의 숫자 **7**에 색칠하세요.

Day 20

일의 자리와 십의 자리로 나누어 각각 곱한 후 더해 봐.

❶

	3	8
×		4
	3	2
1	2	0

❶ 8×4
❷ 30×4
❸ 32+120

❷

	5	2
×		5

❸

	6	4
×		9

❹

	2	9
×		6

❺

	2	6
×		7

❻

	7	5
×		2

❼

	3	6
×		8

❽

	4	7
×		3

❾

	8	3
×		8

❿

	3	8
×		6

더하는 과정에서 받아올림이 있을 수 있으니 주의해!

⓫

	4	7
×		9

일의 자리에서 올림한 수는 십의 자리 계산에 더하고, 십의 자리에서 올림한 수는 백의 자리에 쓰면 돼.

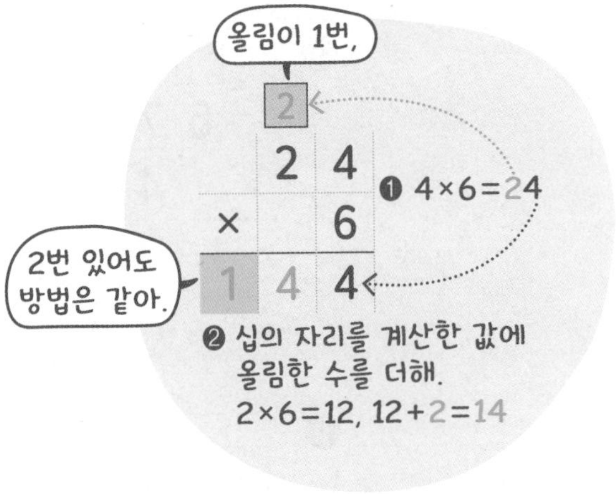

일의 자리에서 올림한 수를 더하는 과정에서 받아올림이 있어.

⑫ 53×4

⑬ 62×6

⑭ 96×5

⑮ 89×2

⑯ 77×5

⑰ 58×6

⑱ 48×7

⑲ 27×9

⑳ 86×7

㉑ 28×6

㉒ 54×3

㉓ 44×8

공부 끝!
맞힌 개수
/23개
부모님 확인

오늘의 숫자 **22**에 색칠하세요.

Day 21

일의 자리부터 차례로 계산해야 올림한 수를 빠뜨리지 않고 더할 수 있어.

❶ □ 22 × 6

덧셈에서 받아올림한 수와 곱셈에서 올림한 수의 계산 방법을 헷갈리지 마!

❷ □ 63 × 8

❸ □ 94 × 5

❹ □ 25 × 7

❺ □ 45 × 9

❻ □ 35 × 5

❼ □ 67 × 4

❽ □ 88 × 5

❾ □ 78 × 2

❿ □ 32 × 6

⓫ □ 57 × 4

⓬ □ 34 × 7

⓭ □ 95 × 3

⓮ □ 48 × 4

⓯ □ 79 × 7

올림한 수를 적어 놓아야 실수하지 않아.

⑯ $\begin{array}{r} \scriptstyle 3 \\ 46 \\ \times \quad 6 \\ \hline \end{array}$

⑰ $\begin{array}{r} 44 \\ \times \quad 9 \\ \hline \end{array}$

⑱ $\begin{array}{r} 76 \\ \times \quad 7 \\ \hline \end{array}$

⑲ $\begin{array}{r} 98 \\ \times \quad 2 \\ \hline \end{array}$

⑳ $\begin{array}{r} 37 \\ \times \quad 4 \\ \hline \end{array}$

㉑ $\begin{array}{r} 85 \\ \times \quad 7 \\ \hline \end{array}$

㉒ $\begin{array}{r} 66 \\ \times \quad 3 \\ \hline \end{array}$

㉓ $\begin{array}{r} 53 \\ \times \quad 8 \\ \hline \end{array}$

㉔ $\begin{array}{r} 82 \\ \times \quad 6 \\ \hline \end{array}$

㉕ $\begin{array}{r} 49 \\ \times \quad 6 \\ \hline \end{array}$

㉖ $\begin{array}{r} 27 \\ \times \quad 6 \\ \hline \end{array}$

㉗ $\begin{array}{r} 59 \\ \times \quad 4 \\ \hline \end{array}$

㉘ $\begin{array}{r} 43 \\ \times \quad 7 \\ \hline \end{array}$

㉙ $\begin{array}{r} 36 \\ \times \quad 7 \\ \hline \end{array}$

㉚ $\begin{array}{r} 74 \\ \times \quad 8 \\ \hline \end{array}$

㉛ $\begin{array}{r} 39 \\ \times \quad 6 \\ \hline \end{array}$

㉜ $\begin{array}{r} 87 \\ \times \quad 4 \\ \hline \end{array}$

㉝ $\begin{array}{r} 93 \\ \times \quad 5 \\ \hline \end{array}$

㉞ $\begin{array}{r} 65 \\ \times \quad 6 \\ \hline \end{array}$

공부 끝!

맞힌 개수

/34개

부모님 확인

오늘의 숫자 **57**에 색칠하세요.

월 일 /7 분

Day 22

올림한 수를 더할 때 받아올림이 있는 경우를 더 연습해 봐.

❶ 24×9

❷ 25×9

❸ 29×8

❹ 47×7

❺ 75×8

❻ 78×4

❼ 38×8

❽ 67×9

❾ 87×6

❿ 77×4

⓫ 26×8

⓬ 28×8

⓭ 46×9

⓮ 29×9

⓯ 35×9

⓰ 64×8

⓱ 29×7

⓲ 74×7

⓳ 45×7

⑳ 26 × 9 =

	2	6
×		9

㉑ 65 × 8 =

㉒ 67 × 6 =

㉓ 72 × 7 =

㉔ 37 × 6 =

㉕ 58 × 7 =

㉖ 36 × 9 =

㉗ 66 × 8 =

㉘ 44 × 7 =

㉙ 68 × 8 =

㉚ 88 × 6 =

공부 끝!

맞힌 개수

/30개

부모님 확인

오늘의 숫자 **30**에 색칠하세요.

Day 23

올림이 두 번 있는 경우 올림한 수를 잊지 말고 계산해.

❶ 34×8

❷ 83×5

❸ 28×7

❹ 65×9

❺ 44×4

❻ 78×6

❼ 27×5

❽ 66×7

❾ 84×5

❿ 58×3

⓫ 56×9

⓬ 37×7

⓭ 72×6

⓮ 59×8

⓯ 69×2

⓰ 94×6

⓱ 73×4

⓲ 49×3

⓳ 46×7

가로 셈에서도 올림 표시를 할 수 있어.

2

⑳ 25 × 5

㉑ 94 × 3

㉒ 57 × 6

㉓ 92 × 7

㉔ 36 × 4

㉕ 79 × 9

㉖ 65 × 4

㉗ 78 × 7

㉘ 43 × 8

㉙ 55 × 7

㉚ 37 × 9

㉛ 89 × 4

㉜ 86 × 2

㉝ 68 × 3

㉞ 49 × 8

㉟ 67 × 3

㊱ 75 × 6

㊲ 38 × 9

㊳ 85 × 8

공부 끝!

맞힌 개수

/38개

부모님 확인

오늘의 숫자 **95**에 색칠하세요.

연산 놀이터

도치가 고미에게 줄 생일 케이크를 만들었어.
두 친구가 중간에서 만나려면 몇 m를 가야 하는지 계산해 볼까?

부모님 확인

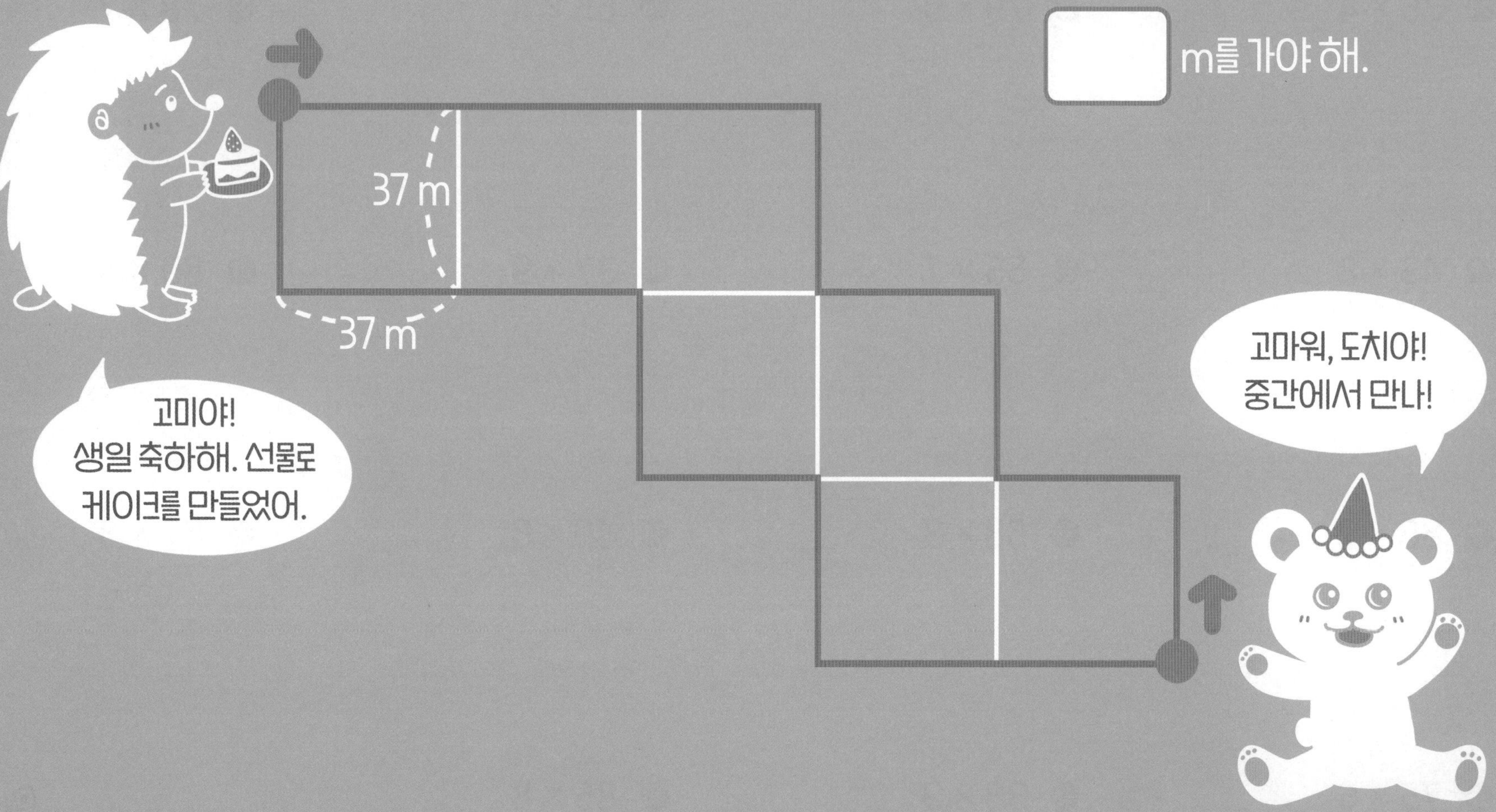

☐ m를 가야 해.

06

올림이 없는 (세 자리 수)×(한 자리 수)

이번에는 무엇을 배울까?

올림이 두 번 있는 (두 자리 수)×(한 자리 수)

올림이 없는 (세 자리 수)×(한 자리 수)

올림이 한 번 있는 (세 자리 수)×(한 자리 수)

이렇게 지도해요!

❶ 먼저 설명해 주세요.

곱해지는 수가 두 자리 수인 곱셈을 세 자리 수로 확장하여 배우는 단계입니다. 아이와 함께 따라 읽어 보면서 곱하는 과정이 한 번 늘지만, '일, 십, 백의 자리 순서로 곱하여 더한다.'는 원리는 같음을 이해하고, 계산 방법을 익힙니다.

❷ 수를 이해하며 계산해요.

설명과 이어지는 그림을 이용하여 Day24에서 재미있게 문제를 풉니다.

❸ 충분히 연습해요.

Day25 ~ Day28의 문제 풀이를 통해 자릿값의 개념을 바탕으로 곱셈의 계산 원리를 이해하고, 올림이 있는 (세 자리 수)×(한 자리 수)의 기초를 다집니다.

스스로 계획을 세워요!

	공부할 날짜	목표 시간	복습할 날짜
Day 24 / 50	월 / 일	분 / 10개	월 / 일
Day 25 / 50	월 / 일	분 / 29개	월 / 일
Day 26 / 50	월 / 일	분 / 25개	월 / 일
Day 27 / 50	월 / 일	분 / 38개	월 / 일
Day 28 / 50	월 / 일	분 / 38개	월 / 일

선생님의 칠판

234×2를 어떻게 구할 수 있을까?

수 모형으로 나타내 볼까?

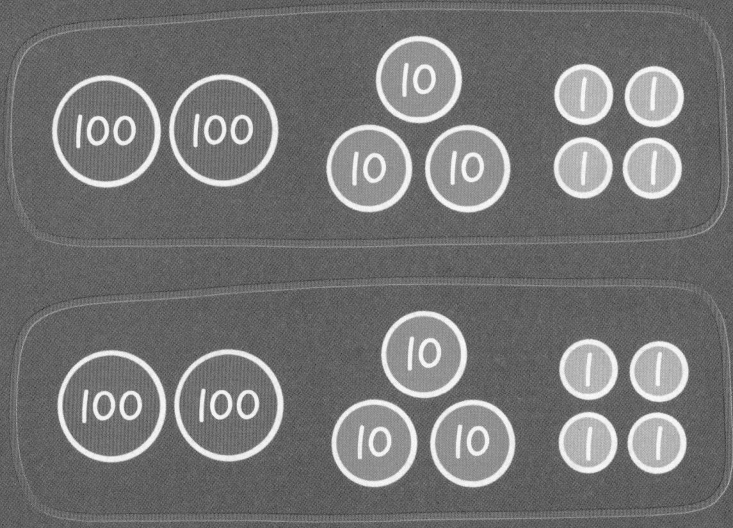

백 모형이 4 개, 십 모형이 6 개, 일 모형이 8 개

세로 셈으로도 알아보자!

	2	3	4	
×			2	
			8	← 4×2
		6		← 3×2
	4			← 2×2
	4	6	8	

Day 24

각 자리별로 100, 10, 1의 개수를 세어 봐.

❶

100	10 10	1 1 1
100	10 10	1 1 1

	1	2	3
×			2

❷

100 100 100	10	1 1 1 1
100 100 100	10	1 1 1 1

	3	1	4
×			2

❸

100 100	10	1 1
100 100	10	1 1
100 100	10	1 1

	2	1	2
×			3

❹

100	10 10	1 1
100	10 10	1 1
100	10 10	1 1
100	10 10	1 1

	1	2	2
×			4

❺

100 100 100	10 10	1
100 100 100	10 10	1
100 100 100	10 10	1

	3	2	1
×			3

❻

100 100	10	1
100 100	10	1
100 100	10	1
100 100	10	1

	2	1	1
×			4

❼

100 100 100 100	10 10 10 10	1
100 100 100 100	10 10 10 10	1

	4	4	1
×			2

❽

100 100	10 10 10	1 1 1
100 100	10 10 10	1 1 1
100 100	10 10 10	1 1 1

	2	3	3
×			3

❾

100 100 100	10 10	1
100 100 100	10 10	1

	3	2	1
×			2

❿

100	10 10	1 1 1
100	10 10	1 1 1
100	10 10	1 1 1

	1	2	3
×			3

100의 개수를 백의 자리에,
10의 개수를 십의 자리에,
1의 개수를 일의 자리에
쓰면 되는구나!

공부 끝!

맞힌 개수

/10개

부모님 확인

월 일 /4 분

Day 25

(몇백)×(몇)의 계산은 (몇) ×(몇)을 한 다음, 뒤에 0을 2개 붙이면 돼.

세 자리 수 곱셈의 기초가 되는 (몇백)×(몇)을 먼저 연습해 봐.

❶ 1 × 2 = [2]
10 × 2 = [ ]0
100 × 2 = [ ]00

곱해지는 수의 0이 한 개씩 늘어날수록 곱도 10배씩 커져!

❷ 2 × 3 = [ ]
20 × 3 = [ ]0
200 × 3 = [ ]00

❸ 4 × 2 = [ ]
40 × 2 = [ ]0
400 × 2 = [ ]00

❹ 2 × 2 = [ ]
20 × 2 = [ ]0
200 × 2 = [ ]00

❺ 3 × 3 = [ ]
30 × 3 = [ ]0
300 × 3 = [ ]00

❻ 100 × 5 = [ ]

❼ 300 × 2 = [ ]

❽ 100 × 7 = [ ]

❾ 200 × 4 = [ ]

❿ 100 × 6 = [ ]

⓫ 900 × 1 = [ ]

⑫ 300 × 4 = ☐00 ⑬ 800 × 2 = ☐ ⑭ 900 × 4 = ☐

⑮ 600 × 2 = ☐ ⑯ 200 × 5 = ☐ ⑰ 600 × 7 = ☐ ⑱ 700 × 3 = ☐

⑲ 500 × 4 = ☐ ⑳ 600 × 8 = ☐ ㉑ 500 × 3 = ☐ ㉒ 900 × 3 = ☐

㉓ 800 × 3 = ☐ ㉔ 400 × 8 = ☐ ㉕ 300 × 9 = ☐ ㉖ 700 × 4 = ☐

㉗ 700 × 5 = ☐ ㉘ 400 × 6 = ☐ ㉙ 600 × 5 = ☐

공부 끝!

맞힌 개수 /29개

부모님 확인

오늘의 숫자 **8**에 색칠하세요.

Day 26

일의 자리, 십의 자리, 백의 자리 수와 각각 곱한 후 더하면 돼.

❶

	2	1	3
×			2
			6
		2	0
+	4	0	0

❶ 3×2
❷ 10×2
❸ 200×2
❹ 6+20+400

❷

	1	1	2
×			4

❸

	3	1	2
×			3

❹

	4	4	3
×			2

❺

	3	2	4
×			2

❻

	2	1	2
×			4

❼

	2	2	3
×			2

❽

	3	2	3
×			3

❾

	4	3	1
×			2

❿

	1	3	2
×			3

⓫

	4	1	3
×			2

일의 자리, 십의 자리, 백의 자리 순서대로 곱하고 각 자리에 바로 내려 써.

⑫

	1	2	3
×			2
			6

③ 1×2 ② 2×2 ① 3×2

⑬

	1	1	1
×			7

⑭

	2	3	2
×			3

⑮

	1	2	2
×			3

⑯

	2	2	1
×			4

⑰

	1	0	2
×			3

⑱

	2	2	1
×			3

자릿수가 늘어났을 뿐 계산 방법은 (두 자리 수)×(한 자리 수)와 같아.

⑲

	2	1	4
×			2

⑳

	2	3	0
×			3

㉑

	2	2	2
×			4

㉒

	1	1	1
×			4

㉓

	3	1	1
×			3

㉔

	4	3	2
×			2

㉕

	3	1	2
×			2

공부 끝!

맞힌 개수 /25개

부모님 확인

오늘의 숫자 25에 색칠하세요.

Day 27

0×3=0이니까 계산 결과의 십의 자리에 0을 써야 해.

각 자리의 계산 결과는 각 자리에 맞춰 써야 해.

❶ 201×3

❷ 204×2

❸ 401×2

❹ 103×2

❺ 302×2

❻ 101×8

❼ 113×3

❽ 331×2

❾ 430×2

❿ 133×3

⓫ 210×4

⓬ 310×3

⓭ 110×5

⓮ 322×3

⓯ 220×4

⓰ 412×2

⓱ 212×3

⓲ 211×4

⓳ 423×2

가로 셈도 각 자리별로 곱하여
백, 십, 일의 자리에 맞춰 쓰면 돼.

⑳ 324×2

㉑ 432×2

㉒ 332×3

㉓ 221×4

㉔ 103×3

㉕ 312×3

㉖ 102×2

㉗ 131×3

㉘ 231×3

㉙ 241×2

㉚ 111×8

㉛ 203×3

㉜ 122×4

㉝ 421×2

㉞ 121×4

㉟ 313×2

㊱ 141×2

㊲ 331×3

㊳ 302×3

공부 끝!

맞힌 개수

/38개

부모님 확인

오늘의 숫자 **77**에 색칠하세요.

Day 28

곱을 각 자리에 맞추어
쓰는 것이 중요해!

❶ 132×3

❷ 304×2

❸ 202×3

❹ 121×4

❺ 112×3

❻ 443×2

❼ 240×2

❽ 333×3

❾ 101×6

❿ 212×4

⓫ 331×3

⓬ 211×4

⓭ 402×2

⓮ 121×2

⓯ 220×3

⓰ 110×7

⓱ 301×3

⓲ 110×5

⓳ 101×4

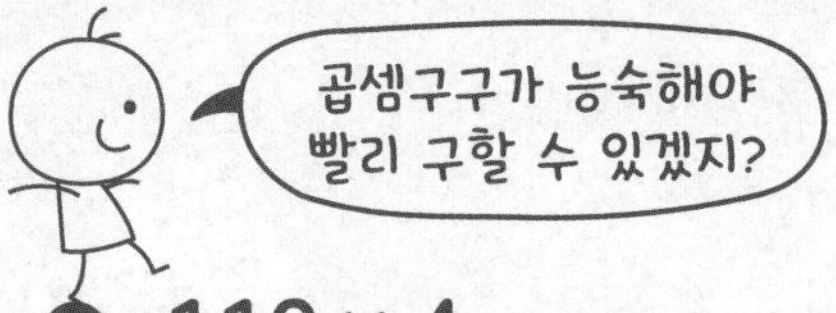

⑳ 110×4

㉑ 120×2

㉒ 122×4

㉓ 321×3

㉔ 300×3

㉕ 132×2

㉖ 332×3

㉗ 203×3

㉘ 341×2

㉙ 130×3

㉚ 111×5

㉛ 200×4

㉜ 102×4

㉝ 500×7

㉞ 234×2

㉟ 421×2

㊱ 223×3

㊲ 211×3

㊳ 123×3

공부 끝!

맞힌 개수 /38개

부모님 확인

오늘의 숫자 **36**에 색칠하세요.

부모님 확인

연산 놀이터

고미, 쿠쿠, 베리가 줄넘기 연습을 했어.
줄넘기를 많이 한 순서대로 이름을 써 볼까?

07

올림이 한 번 있는 (세 자리 수)×(한 자리 수)

이번에는 무엇을 배울까?

올림이 없는 (세 자리 수)×(한 자리 수)

올림이 한 번 있는 (세 자리 수)×(한 자리 수)

올림이 여러 번 있는 (세 자리 수)×(한 자리 수)

❶ 먼저 설명해 주세요.

일의 자리 또는 십의 자리 또는 백의 자리에서 올림이 있는 곱셈을 그림과 말로 풀어내었습니다. 아이와 함께 따라 읽어 보면서 '자리별로 곱하고 올림하여 계산한다.'는 원리는 두 자리 수 곱셈과 같음을 이해하고, 세 자리 수 곱셈의 계산 방법을 익힙니다.

❷ 수를 이해하며 계산해요.

설명과 이어지는 그림을 이용하여 Day29에서 재미있게 문제를 풉니다.

❸ 충분히 연습해요.

Day30 ~ Day34의 문제 풀이를 통해 올림한 수의 위치를 바르게 적고 계산하는 연습을 충분히 하여 올림이 여러 번 있는 곱셈의 기초를 다집니다.

	공부할 날짜	목표 시간	복습할 날짜
Day 29 / 50	월 / 일	분 / 9개	월 / 일
Day 30 / 50	월 / 일	분 / 22개	월 / 일
Day 31 / 50	월 / 일	분 / 25개	월 / 일
Day 32 / 50	월 / 일	분 / 30개	월 / 일
Day 33 / 50	월 / 일	분 / 26개	월 / 일
Day 34 / 50	월 / 일	분 / 30개	월 / 일

선생님의 칠판

326×3을 어떻게 구할 수 있을까?

수 모형으로 나타내 볼까?

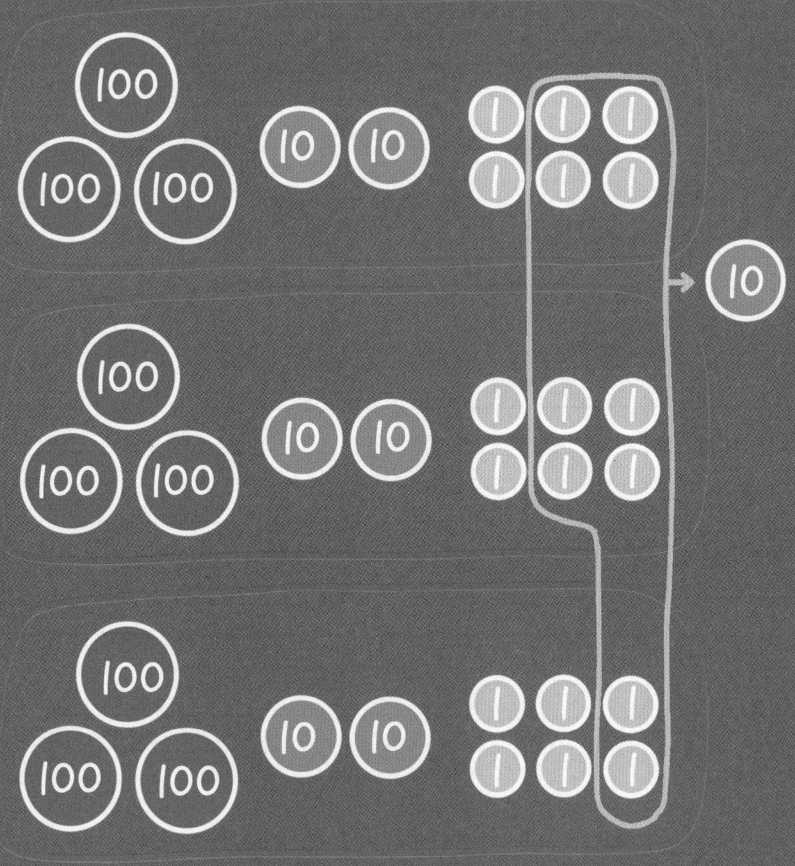

백 모형이 9 개 | 십 모형이 7 개 | 일 모형이 8 개

세로 셈으로도 알아보자!

	3	2	6	
×			3	
		1	8	← 6×3
		6		← 2×3
	9			← 3×3
	9	7	8	

월 일 /5 분

Day 29

1, 10, 100 10개를 묶어 각각 10, 100, 1000 1개로 바꾸고, 올림의 의미를 이해해 봐.

1 10개는 10 1개로 바꿀 수 있어.

❶

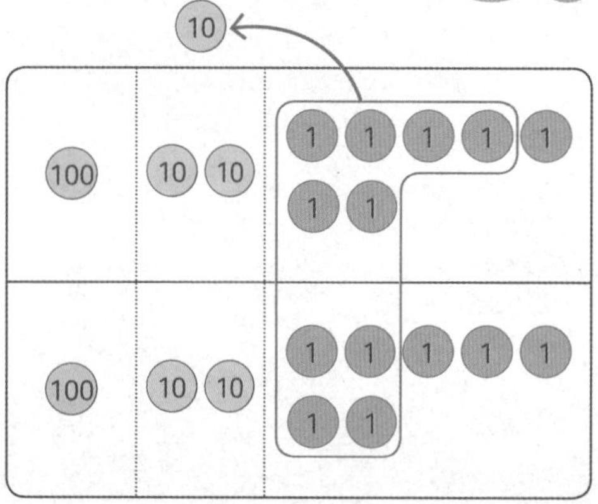

	1	2	7
×			2

10 10개는 100 1개로 바꿀 수 있어.

❷

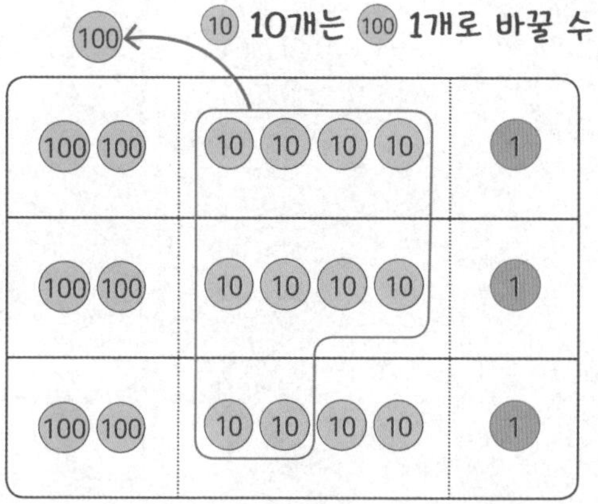

	2	4	1
×			3

❸

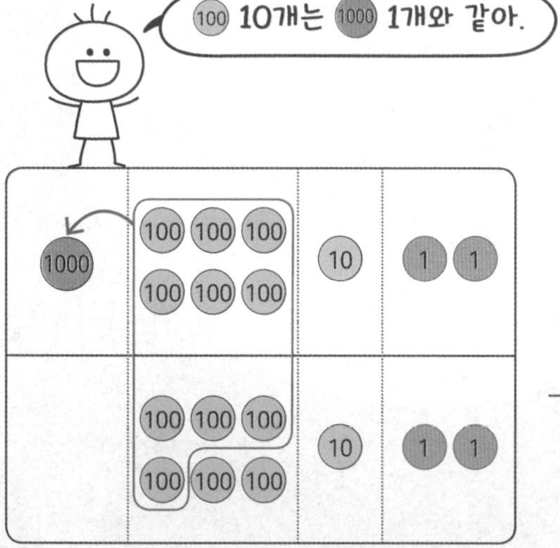

	6	1	2
×			2

❹

1을 10개씩 묶어 10을 2개 그려 봐.

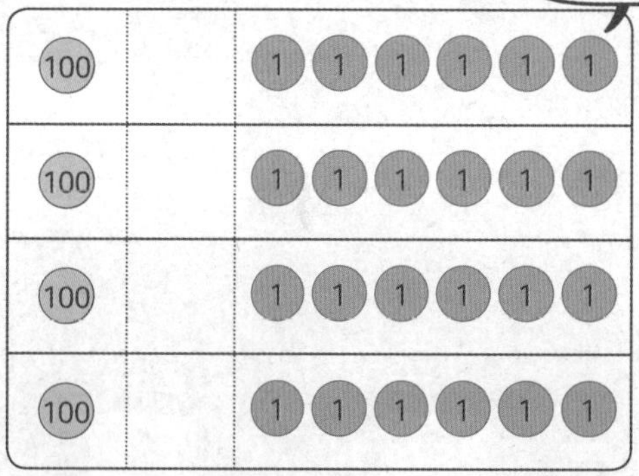

	1	0	6
×			4

5

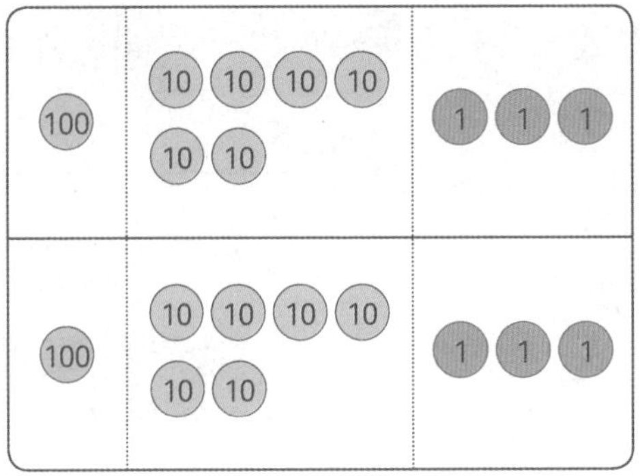

$$\begin{array}{r} 1\ 6\ 3 \\ \times \quad\ 2 \\ \hline \end{array}$$

6

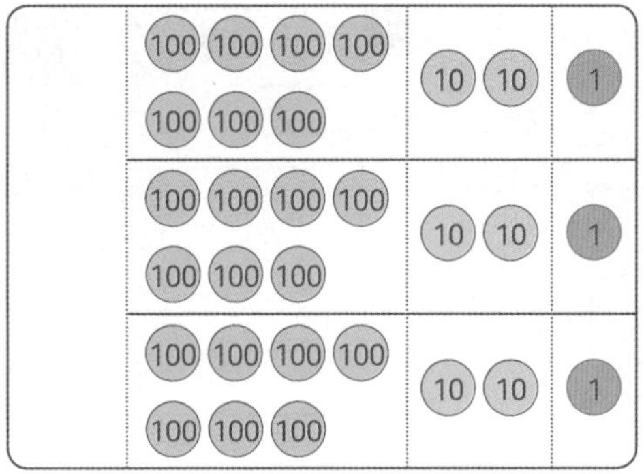

$$\begin{array}{r} 7\ 2\ 1 \\ \times \quad\ 3 \\ \hline \end{array}$$

7

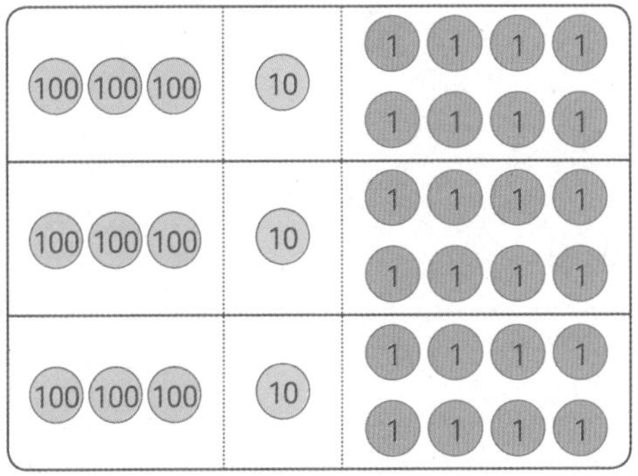

$$\begin{array}{r} 3\ 1\ 8 \\ \times \quad\ 3 \\ \hline \end{array}$$

8

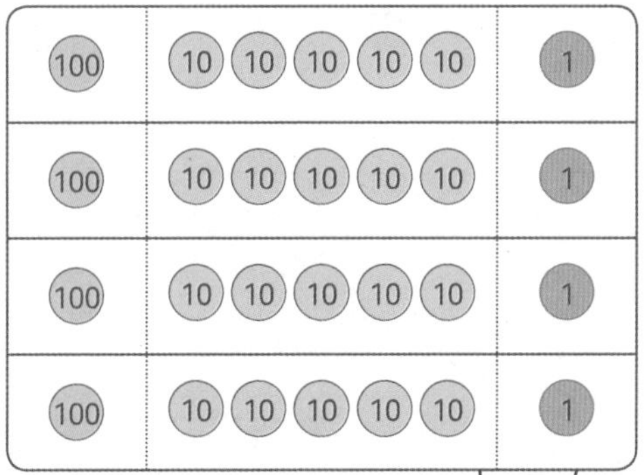

$$\begin{array}{r} 1\ 5\ 1 \\ \times \quad\ 4 \\ \hline \end{array}$$

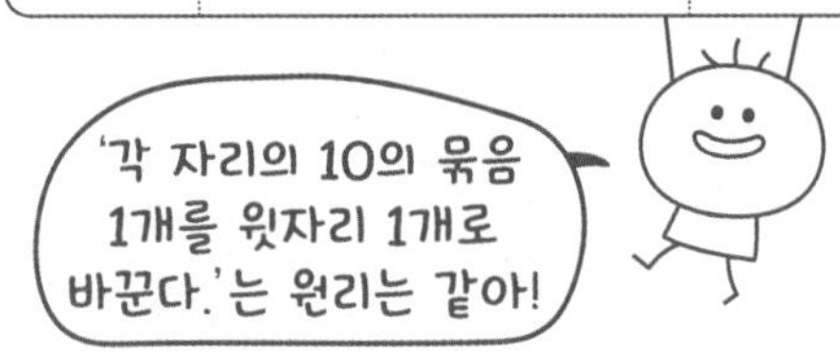

9

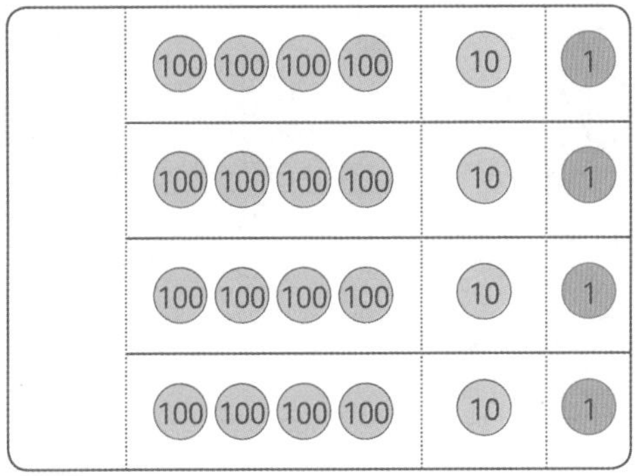

$$\begin{array}{r} 4\ 1\ 1 \\ \times \quad\ 4 \\ \hline \end{array}$$

공부 끝!

맞힌 개수

/9개

부모님 확인

오늘의 숫자 **88**에 색칠하세요.

Day 30

일의 자리, 십의 자리, 백의 자리 수와 각각 곱해서 더하는 거야.

❶

	1	2	6
×			2
		1	2
		4	0
	2	0	0

❶ 6×2
❷ 20×2
❸ 100×2
❹ 12+40+200

❷

		2	7	4
×				2
				8
		1	4	0
		4	0	0

❸

		6	4	3
×				2
				6
			8	0
	1	2	0	0

❹

		2	1	4
×				4

❺

		1	5	2
×				4

❻

		7	2	1
×				4

❼

		1	1	9
×				4

❽

		2	5	3
×				3

❾

		8	1	1
×				6

❿

		4	3	7
×				2

⓫

		3	8	2
×				2

⑫ 412 × 3

⑬ 227 × 3

⑭ 182 × 2

⑮ 311 × 4

⑯ 723 × 3

⑰ 182 × 4

⑱ 328 × 3

⑲ 116 × 5

⑳ 294 × 2

㉑ 622 × 4

㉒ 922 × 4

공부 끝!

맞힌 개수 /22개

부모님 확인

오늘의 숫자 61에 색칠하세요.

Day 31

올림한 수는 바로 윗자리 곱에 더해야 해.

일의 자리 계산에서 올림한 수는 십의 자리 위에 작게 써!

$$\begin{array}{r} {\scriptstyle \boxed{2}} \\ 2\,1\,8 \\ \times \quad 3 \\ \hline 6\,5\,4 \end{array}$$

❶ 8×3=24

❷ 십의 자리 계산 1×3=3에 올림한 수 2를 더해.

❸ 2×3=6

❶ $427 \times 2 =$ □

❷ $123 \times 4 =$ □

❸ $329 \times 3 =$ □

십의 자리 계산에서 올림한 수는 백의 자리 위에!

❹ $271 \times 3 =$ □

백의 자리의 곱에 올림한 수를 더해.

❺ $384 \times 2 =$ □

❻ $161 \times 5 =$ □

올림이 있는 두 자리 수 곱셈과 계산 원리가 같지?

❼ $621 \times 4 =$

백의 자리에서 올림한 수는 천의 자리에 바로 쓰면 돼.

❽ $723 \times 3 =$

❾ $511 \times 6 =$

❿ $922 \times 3 =$

⑪ □ 345 × 2

⑫ □ 118 × 3

⑬ □ 224 × 4

⑭ □ 115 × 6

⑮ □ 319 × 3

⑯ □ 253 × 3

⑰ □ 190 × 5

⑱ □ 141 × 7

⑲ □ 374 × 2

⑳ □ 182 × 4

㉑ 842 × 2

㉒ 632 × 3

㉓ 512 × 3

㉔ 921 × 4

㉕ 711 × 8

공부 끝!

맞힌 개수 /25개

부모님 확인

오늘의 숫자 **38**에 색칠하세요.

월 일 /6 분

Day 32

각 자리의 계산에서 올림한 수를 더하는 걸 잊지 마!

❶ $\begin{array}{r} \overset{2}{2}18 \\ \times \quad 3 \\ \hline \end{array}$

❷ $\begin{array}{r} 135 \\ \times \quad 2 \\ \hline \end{array}$

❸ $\begin{array}{r} 151 \\ \times \quad 5 \\ \hline \end{array}$

❹ $\begin{array}{r} 242 \\ \times \quad 4 \\ \hline \end{array}$

❺ $\begin{array}{r} 336 \\ \times \quad 2 \\ \hline \end{array}$

❻ $\begin{array}{r} 127 \\ \times \quad 3 \\ \hline \end{array}$

❼ $\begin{array}{r} 171 \\ \times \quad 5 \\ \hline \end{array}$

❽ $\begin{array}{r} 912 \\ \times \quad 4 \\ \hline \end{array}$

❾ $\begin{array}{r} 622 \\ \times \quad 3 \\ \hline \end{array}$

❿ $\begin{array}{r} 215 \\ \times \quad 4 \\ \hline \end{array}$

⓫ $\begin{array}{r} 452 \\ \times \quad 2 \\ \hline \end{array}$

⓬ $\begin{array}{r} 141 \\ \times \quad 7 \\ \hline \end{array}$

⓭ $\begin{array}{r} 410 \\ \times \quad 5 \\ \hline \end{array}$

⓮ $\begin{array}{r} 512 \\ \times \quad 4 \\ \hline \end{array}$

⓯ $\begin{array}{r} 113 \\ \times \quad 7 \\ \hline \end{array}$

⓰ $\begin{array}{r} 162 \\ \times \quad 3 \\ \hline \end{array}$

⓱ $\begin{array}{r} 824 \\ \times \quad 2 \\ \hline \end{array}$

⓲ $\begin{array}{r} 272 \\ \times \quad 3 \\ \hline \end{array}$

⓳ $\begin{array}{r} 711 \\ \times \quad 9 \\ \hline \end{array}$

⑳ 136 × 2 =

		1	
	1	3	6
×			2

㉑ 453 × 2 =

㉒ 832 × 3 =

㉓ 228 × 3 =

㉔ 161 × 4 =

㉕ 810 × 5 =

㉖ 117 × 5 =

㉗ 183 × 3 =

㉘ 422 × 4 =

㉙ 115 × 4 =

㉚ 140 × 7 =

공부 끝!

맞힌 개수

/30개

부모님 확인

오늘의 숫자 **33**에 색칠하세요.

월 일 /5 분

Day 33

일의 자리부터 순서대로 곱해야 올림한 수를 빠뜨리지 않고 더할 수 있어.

❶ 491×2

❷ 147×2

❸ 624×2

❹ 412×4

❺ 211×5

❻ 314×3

❼ 120×8

❽ 109×5

0×5=0이므로 일의 자리에서 올림한 수를 십의 자리에 그대로 내려 써.

❾ 408×2

0×4=0이고 일의 자리에서 올림한 수가 없으니까,

❿ 802×4

십의 자리에 0을 그대로 써야 해!

⓫ 504×2

⓬ 107×7

⓭ 209×4

⓮ 702×3

⓯ 601×5

⑯ 245 × 2 =

⑰ 283 × 2 =

⑱ 112 × 8 =

⑲ 910 × 5 =

⑳ 181 × 5 =

㉑ 106 × 6 =

㉒ 431 × 3 =

㉓ 116 × 4 =

㉔ 843 × 2 =

㉕ 281 × 3 =

㉖ 302 × 4 =

공부 끝!

맞힌 개수

/26개

부모님 확인

오늘의 숫자 **11**에 색칠하세요.

Day 34

각 자리를 곱할 때 어느 자리에서 올림이 있는지 꼭 확인해.

❶ 129×3

❷ 193×3

❸ 448×2

❹ 521×4

❺ 328×2

❻ 802×3

❼ 225×3

❽ 170×5

❾ 210×8

❿ 240×3

⓫ 117×4

⓬ 109×7

⓭ 610×6

⓮ 191×5

⓯ 532×2

⓰ 142×4

⓱ 231×4

⓲ 292×3

⓳ 106×9

⑳ 216 × 2 =

㉑ 362 × 2 =

㉒ 410 × 7 =

㉓ 612 × 4 =

㉔ 253 × 2 =

㉕ 108 × 4 =

㉖ 153 × 2 =

㉗ 201 × 9 =

㉘ 150 × 6 =

㉙ 327 × 3 =

㉚ 213 × 4 =

공부 끝!

맞힌 개수

/30개

부모님 확인

오늘의 숫자 **59**에 색칠하세요.

연산 놀이터

루돌프가 고양이 아파트로 선물 배달을 가고 있어.
계산하여 고양이들이 각각 몇 호에 살고 있는지 써 봐.

부모님 확인

08

올림이 여러 번 있는 (세 자리 수)×(한 자리 수)

이번에는 무엇을 배울까?

올림이 한 번 있는 (세 자리 수)×(한 자리 수)

올림이 여러 번 있는 (세 자리 수)×(한 자리 수)

나눗셈의 기초

이렇게 지도해요!

❶ 먼저 설명해 주세요.

일, 십, 백의 자리에서 동시에 올림이 있는 곱셈을 배우는 단계입니다. 올림이 여러 번 있어도 곱셈 원리는 같음을 충분히 이해하고, 계산 과정에서 올림한 수를 표시할 때 실수하지 않도록 아이와 함께 한 번 짚어봅니다.

❷ 수를 이해하며 계산해요.

설명과 이어지는 그림을 이용하여 Day35에서 재미있게 문제를 풉니다.

❸ 충분히 연습해요.

곱하는 수가 한 자리 수인 곱셈의 마무리 단계입니다. Day36 ~ Day39의 문제 풀이를 통해 올림의 위치를 바르게 적는 연습을 충분히 하여 곱하는 수가 두 자리 수인 곱셈의 기초를 다집니다.

스스로 계획을 세워요!

	공부할 날짜	목표 시간	복습할 날짜
Day 35 50	월 / 일	분 / 6개	월 / 일
Day 36 50	월 / 일	분 / 22개	월 / 일
Day 37 50	월 / 일	분 / 25개	월 / 일
Day 38 50	월 / 일	분 / 30개	월 / 일
Day 39 50	월 / 일	분 / 30개	월 / 일

선생님의 칠판

163×4를 어떻게 구할 수 있을까?

수 모형으로 나타내 볼까?

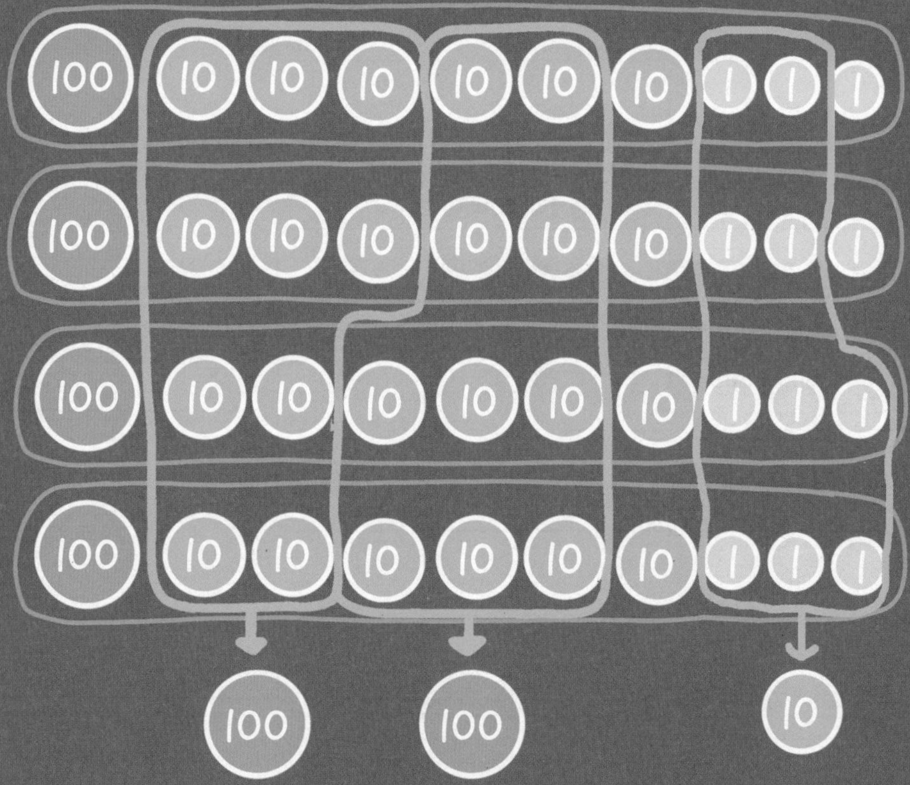

백 모형이 6 개, 십 모형이 5 개, 일 모형이 2 개

세로 셈으로도 알아보자!

	1	6	3	
×			4	
		1	2	← 3×4
	2	4		← 6×4
	4			← 1×4
	6	5	2	

Day 35

1, 10, 100 10개씩 묶어 각각
10, 100, 1000 1개로 바꿔 봐.
그리고 각 자리 맞춰 개수를 세어 봐.

❶

❷ 올림한 100을 그려 봐.

❶ 올림한 10을 그려 봐.

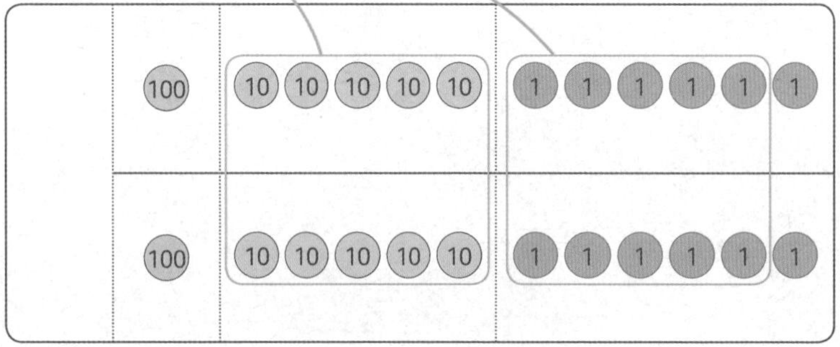

	1	5	6
×			2

❷

❷ 올림한 1000을 그려 봐.

❶ 10 10개를 묶어 100 1개로 바꿔 봐.

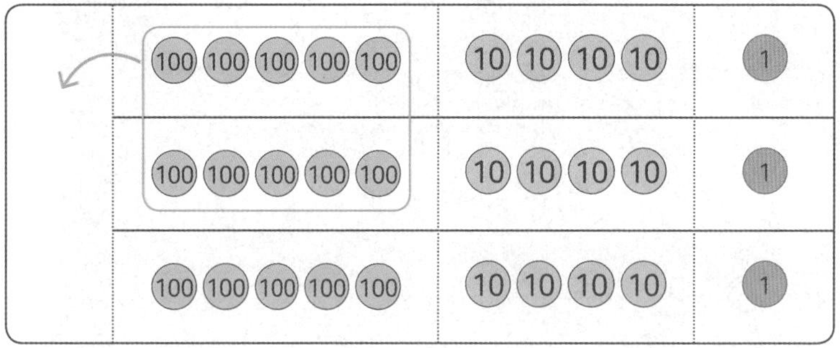

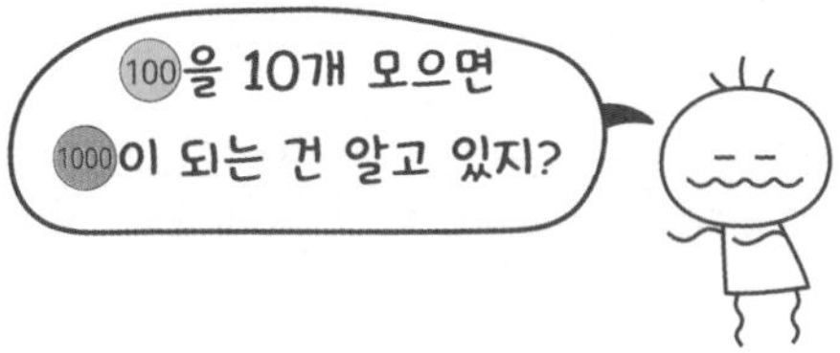

	5	4	1
×			3

❸

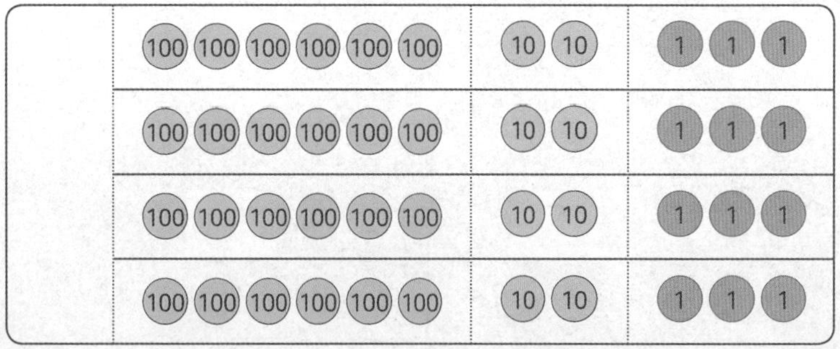

	6	2	3
×			4

❹

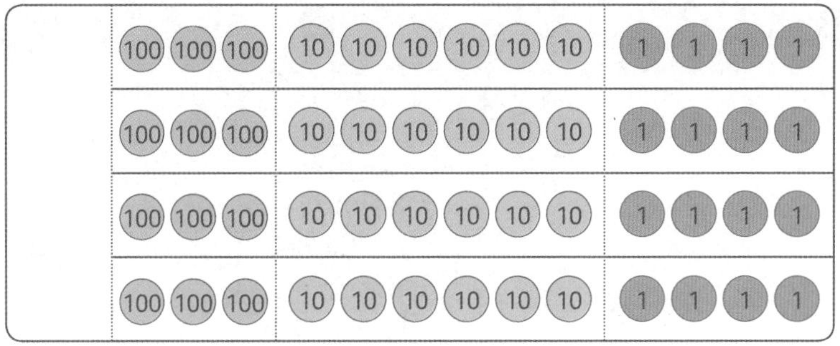

	3	6	4
×			4

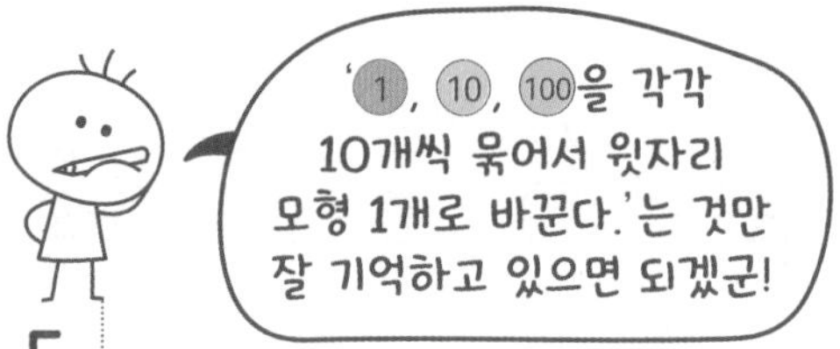

❺

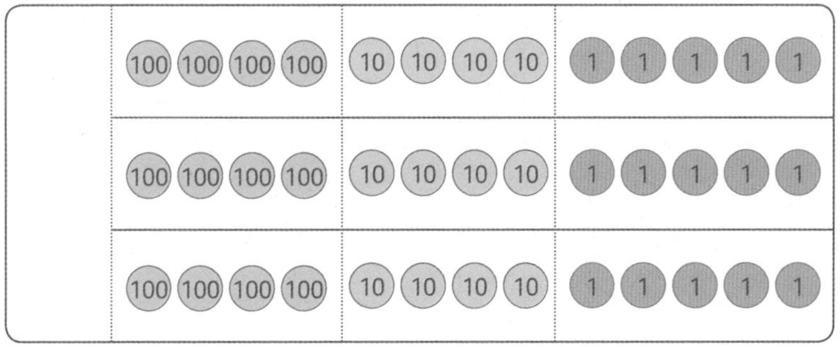

	4	4	5
×			3

❻

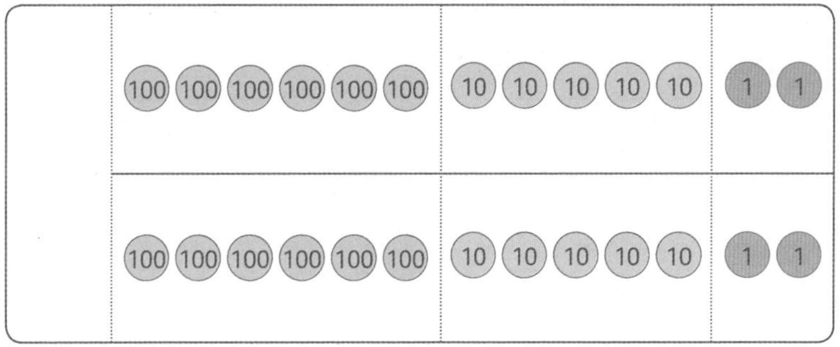

	6	5	2
×			2

오늘의 숫자 **2**에 색칠하세요.

Day 36

일의 자리, 십의 자리, 백의 자리 계산을 각각 구한 후 더하여 나타내.

❶

		2	7	9
×				2
			1	8
		1	4	0
		4	0	0

❶ 9×2
❷ 70×2
❸ 200×2
❹ 18+140+400

❷

		6	1	8
×				3
			2	4
			3	0
	1	8	0	0

올림이 있는 십, 백의 자리 곱을 쓸 때, 자릿수를 맞춰 써야 해!

❸

		7	5	2
×				2
				4
		1	0	0
	1	4	0	0

❹

		4	9	7
×				4
			2	8
		3	6	0
	1	6	0	0

❺

		3	2	4
×				4

❻

		1	7	5
×				6

❼

		2	5	1
×				7

❽

		5	7	4
×				3

❾

		7	4	6
×				9

❿

		5	6	1
×				5

⓫

		4	7	8
×				8

곱한 값을 더하는 과정에서
받아올림이 있으니 주의해.

⑫ $\begin{array}{r} 215 \\ \times\quad 5 \\ \hline \end{array}$

⑬ $\begin{array}{r} 364 \\ \times\quad 6 \\ \hline \end{array}$

⑭ $\begin{array}{r} 361 \\ \times\quad 4 \\ \hline \end{array}$

⑮ $\begin{array}{r} 198 \\ \times\quad 3 \\ \hline \end{array}$

⑯ $\begin{array}{r} 412 \\ \times\quad 7 \\ \hline \end{array}$

⑰ $\begin{array}{r} 248 \\ \times\quad 3 \\ \hline \end{array}$

⑱ $\begin{array}{r} 836 \\ \times\quad 2 \\ \hline \end{array}$

⑲ $\begin{array}{r} 175 \\ \times\quad 4 \\ \hline \end{array}$

⑳ $\begin{array}{r} 181 \\ \times\quad 7 \\ \hline \end{array}$

㉑ $\begin{array}{r} 597 \\ \times\quad 7 \\ \hline \end{array}$

㉒ $\begin{array}{r} 751 \\ \times\quad 6 \\ \hline \end{array}$

공부 끝!

맞힌 개수

/22개

부모님 확인

오늘의 숫자 50에 색칠하세요.

월 일 /5 분

Day 37

일의 자리부터 곱하며 올림한 수를 차근차근 쓰면 어렵지 않아!

200을 나타내. 20을 나타내.

	2	2	
	1	9	7
×			3
	5	9	1

❶ 7×3=21

❷ 9×3=27, 27+2=29

❸ 1×3=3, 3+2=5

❶ 139 × 4

❷ 365 × 2

❸ 258 × 3

올림한 수는 바로 윗자리 숫자 위에 써야 해!

❹ 614 × 4

❺ 583 × 2

❻ 705 × 6

올림이 세 번 있으니 주의해!

❼ 974 × 3

❽ 247 × 6

❾ 239 × 5

❿ 657 × 2

올림한 수를 더하는 과정에서 받아올림이 있으니 주의해.

⑪ □ 671×5

⑫ □□ 378×4

⑬ □□ 129×8

⑭ □ 782×3

⑮ □□ 497×2

⑯ □ 590×7

⑰ □□ 639×3

⑱ □ 815×4

⑲ □□ 294×3

⑳ □ 507×8

㉑ □ 981×6

㉒ □□ 856×7

㉓ □□ 126×6

㉔ □□ 328×4

㉕ □ 306×9

공부 끝!

맞힌 개수 /25개

부모님 확인

오늘의 숫자 **99**에 색칠하세요.

월 일 /6 분

Day 38

각 자리의 계산에서 올림한 수를 더하는 걸 잊지 마!

❶ $\begin{array}{r} \scriptstyle 1\ 2\ \ \\ 325 \\ \times\ \ \ 4 \\ \hline \end{array}$

❷ $\begin{array}{r} 265 \\ \times\ \ \ 2 \\ \hline \end{array}$

❸ $\begin{array}{r} 390 \\ \times\ \ \ 5 \\ \hline \end{array}$

❹ $\begin{array}{r} 124 \\ \times\ \ \ 9 \\ \hline \end{array}$

❺ $\begin{array}{r} 347 \\ \times\ \ \ 3 \\ \hline \end{array}$

❻ $\begin{array}{r} 413 \\ \times\ \ \ 6 \\ \hline \end{array}$

❼ $\begin{array}{r} 374 \\ \times\ \ \ 3 \\ \hline \end{array}$

❽ $\begin{array}{r} 242 \\ \times\ \ \ 8 \\ \hline \end{array}$

❾ $\begin{array}{r} 127 \\ \times\ \ \ 7 \\ \hline \end{array}$

❿ $\begin{array}{r} 350 \\ \times\ \ \ 4 \\ \hline \end{array}$

⓫ $\begin{array}{r} 314 \\ \times\ \ \ 9 \\ \hline \end{array}$

⓬ $\begin{array}{r} 249 \\ \times\ \ \ 5 \\ \hline \end{array}$

⓭ $\begin{array}{r} 612 \\ \times\ \ \ 8 \\ \hline \end{array}$

⓮ $\begin{array}{r} 402 \\ \times\ \ \ 5 \\ \hline \end{array}$

⓯ $\begin{array}{r} 246 \\ \times\ \ \ 3 \\ \hline \end{array}$

⓰ $\begin{array}{r} 506 \\ \times\ \ \ 6 \\ \hline \end{array}$

⓱ $\begin{array}{r} 958 \\ \times\ \ \ 2 \\ \hline \end{array}$

⓲ $\begin{array}{r} 427 \\ \times\ \ \ 4 \\ \hline \end{array}$

⓳ $\begin{array}{r} 427 \\ \times\ \ \ 9 \\ \hline \end{array}$

⑳ 136 × 5 =

	1	3	6
×			5

㉑ 451 × 3 =

㉒ 155 × 2 =

㉓ 217 × 8 =

㉔ 218 × 8 =

㉕ 250 × 6 =

㉖ 716 × 4 =

㉗ 635 × 9 =

㉘ 509 × 2 =

㉙ 193 × 7 =

㉚ 192 × 6 =

공부 끝!

맞힌 개수 /30개

부모님 확인

오늘의 숫자 **28**에 색칠하세요.

Day 39

각 자리를 곱할 때,
어느 자리에서 올림이
있는지 꼭 확인해.

❶ 437×3

❷ 214×7

❸ 458×2

❹ 704×3

❺ 309×4

❻ 157×5

❼ 512×8

❽ 375×6

❾ 139×8

❿ 451×4

⓫ 360×9

⓬ 485×4

⓭ 708×7

⓮ 562×9

⓯ 270×6

⓰ 386×2

⓱ 156×9

⓲ 232×6

⓳ 674×3

⑳ 594 × 2 =

㉑ 149 × 6 =

㉒ 340 × 5 =

㉓ 315 × 8 =

㉔ 418 × 3 =

㉕ 450 × 8 =

㉖ 207 × 9 =

㉗ 638 × 4 =

㉘ 824 × 4 =

㉙ 586 × 3 =

㉚ 239 × 7 =

공부 끝!

맞힌 개수

/30개

부모님 확인

오늘의 숫자 **89**에 색칠하세요.

연산 놀이터

모험가 뭉이는 (가) 나라에서 (나), (다), (라) 나라의 순서로 여행을 떠날 예정이야. 뭉이가 여행할 총 거리는 얼마일까?

부모님 확인

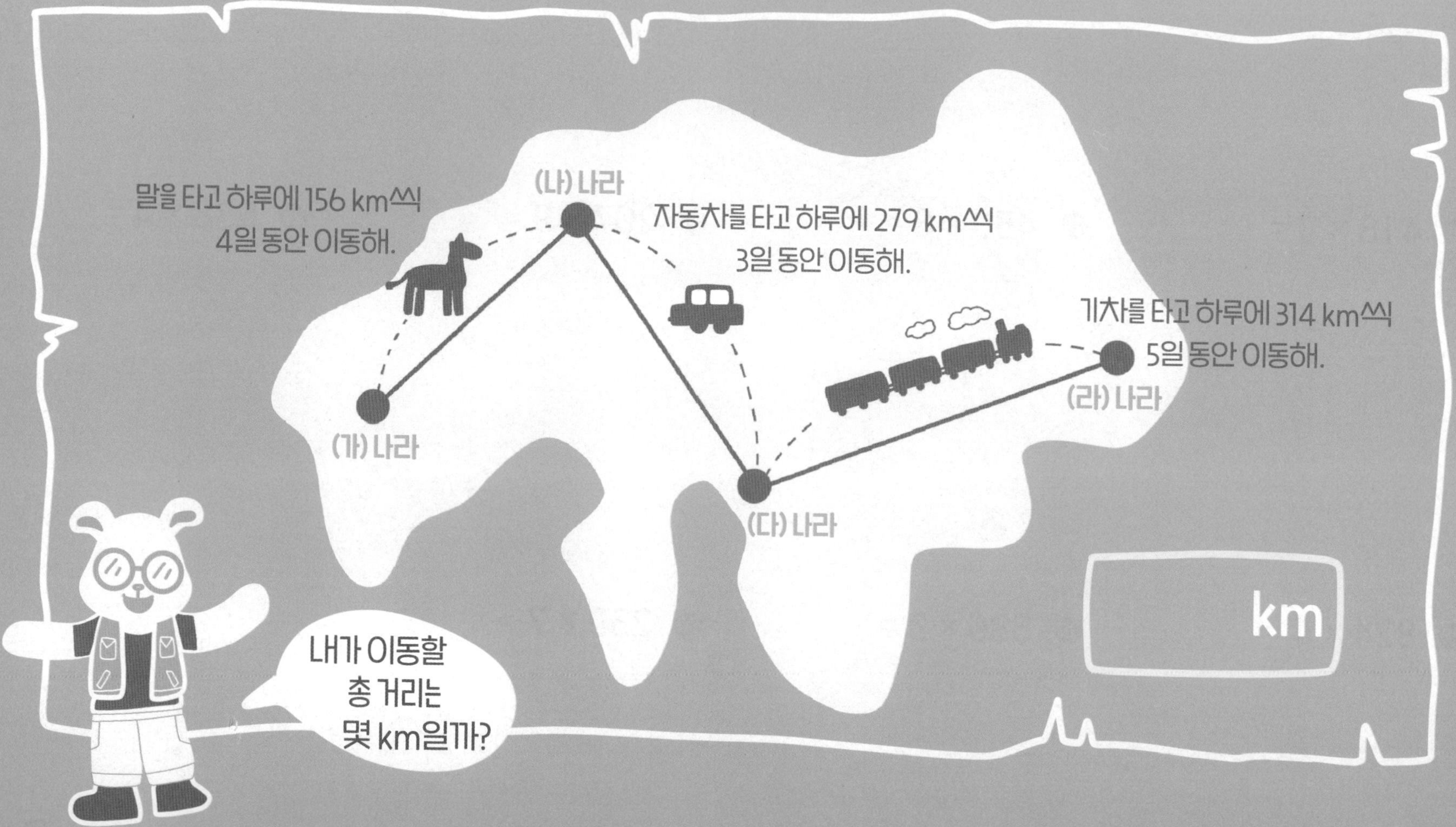

09

나눗셈의 기초

이번에는 무엇을 배울까?

올림이 여러 번 있는 (세 자리 수)×(한 자리 수)	나눗셈의 기초	나눗셈의 몫 구하기

이렇게 지도해요!

❶ 먼저 설명해 주세요.

나눗셈 개념을 처음으로 배우는 단계입니다. 똑같이 나누는 두 가지 상황(똑같게 나누기, 같은 수만큼 덜어 내기)을 그림과 말로 풀어내었으므로 아이와 함께 따라 읽어 보면서 나눗셈 개념과 나눗셈식으로 나타내는 방법을 익힙니다. 또한, 곱셈과 나눗셈이 서로 반대되는 연산이라는 개념까지 나아갑니다.

❷ 수를 이해하며 계산해요.

설명과 이어지는 그림을 이용하여 Day40에서 재미있게 문제를 풉니다.

❸ 충분히 연습해요.

Day41 ~ Day45의 문제 풀이를 통해 나눗셈 상황과 곱셈과 나눗셈의 관계를 이해하여 나눗셈의 몫 구하기를 준비합니다.

스스로 계획을 세워요!

Day	공부할 날짜	목표 시간	복습할 날짜
Day 40/50	월 / 일	분 / 14개	월 / 일
Day 41/50	월 / 일	분 / 16개	월 / 일
Day 42/50	월 / 일	분 / 6개	월 / 일
Day 43/50	월 / 일	분 / 15개	월 / 일
Day 44/50	월 / 일	분 / 25개	월 / 일
Day 45/50	월 / 일	분 / 10개	월 / 일

선생님의 칠판

사탕을 4개씩 똑같이 나누어 준다면?

총 개수를 알아볼까?

가로에 사탕이 4 개씩,

세로에 사탕이 7 줄 있어.

4개씩 몇 명에게 줄 수 있을까?

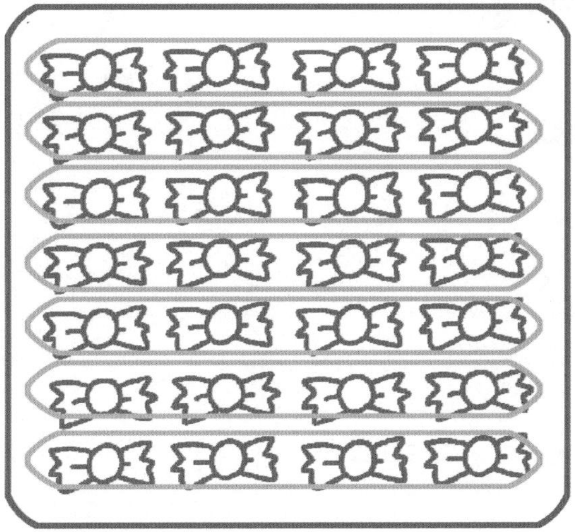

사탕을 4개씩 묶으면

모두 7 묶음이야.

사탕이 모두 몇 개인지 **곱셈**으로 나타내 볼까?

4 × 7 = 28 개

몇 명에게 나누어 줄 수 있는지 **나눗셈**으로 나타내 볼까?

28 ÷ 4 = 7 명

Day 40

🍬를 주머니에 똑같이
나누어 ○로 그려 봐.
한 주머니에 있는 ○의 수가
나눗셈의 몫이 돼.

주머니 2개에 똑같이 나누면,
한 주머니에 3개씩이야.

❶

6 ÷ 2 = 3 ← 나눗셈의 몫이야.

'6 나누기 2는 3과 같습니다.' 라고 읽어.

❷

4 ÷ 2 = □

❸
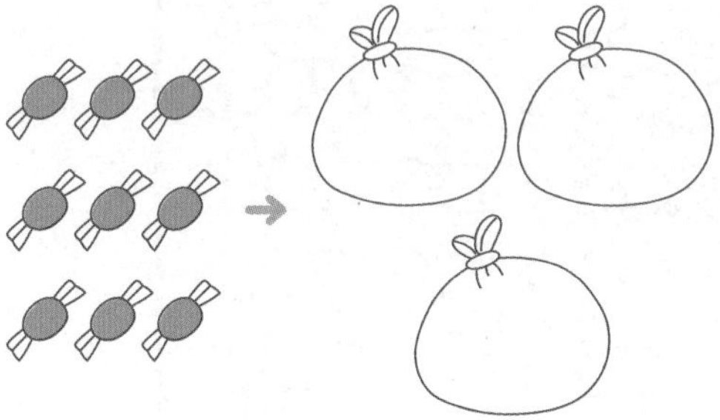

9 ÷ 3 = □

❹
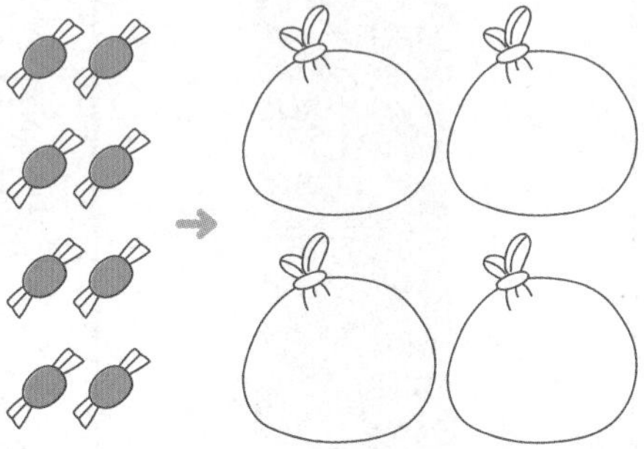

8 ÷ 4 = □

❺
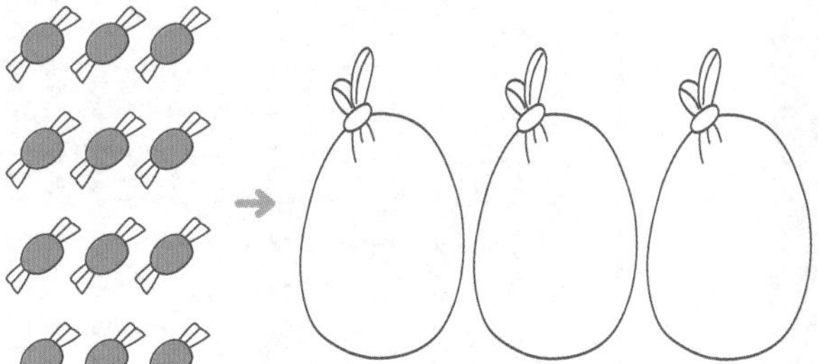

12 ÷ 3 = □

❻
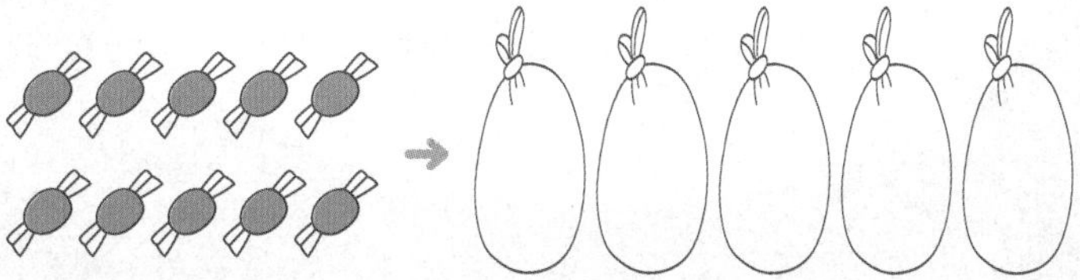

10 ÷ 5 = □

❼
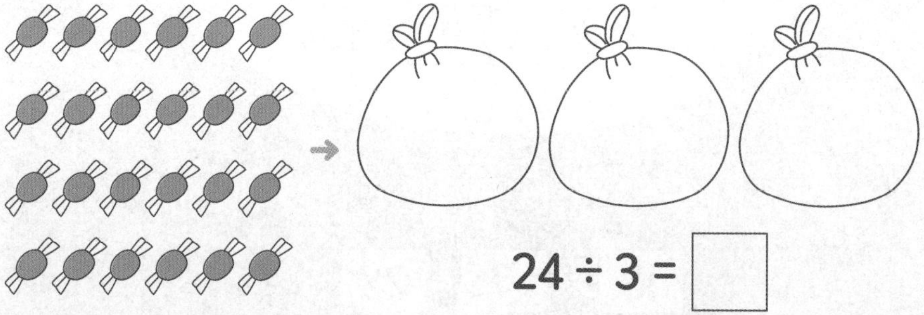

24 ÷ 3 = □

주어진 수만큼씩 (사탕)를 묶어 봐. 묶음의 수가 나눗셈의 몫이 돼.

❽

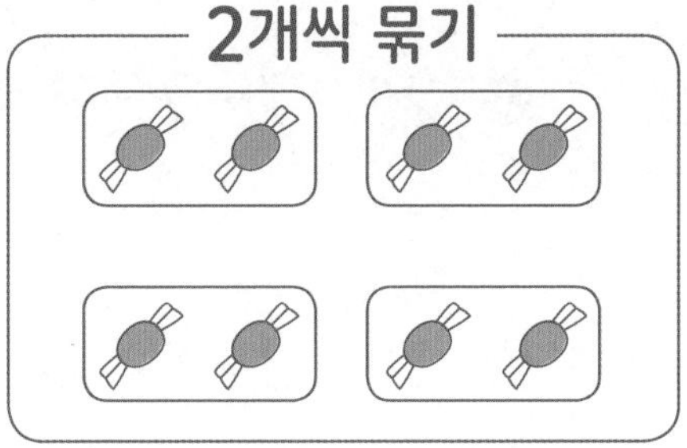

$8 \div 2 = $ 4

2개씩 묶으니
4묶음이 나오네.

❾

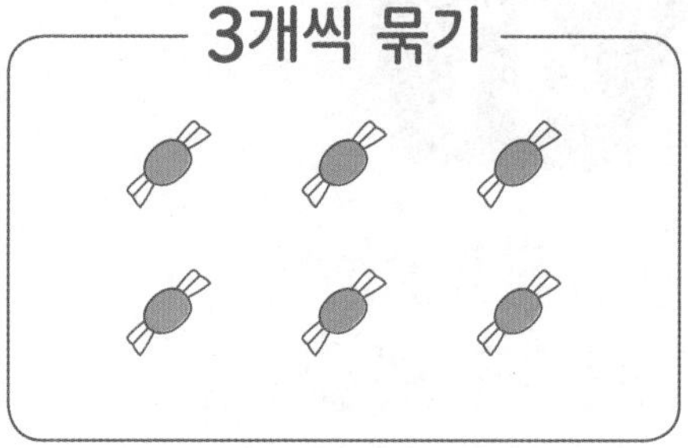

$6 \div 3 = $ ☐

❿

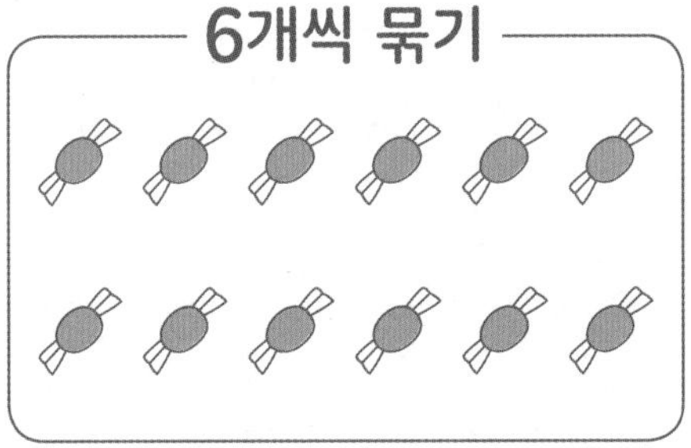

$12 \div 6 = $ ☐

⓫

$15 \div 5 = $ ☐

⓬

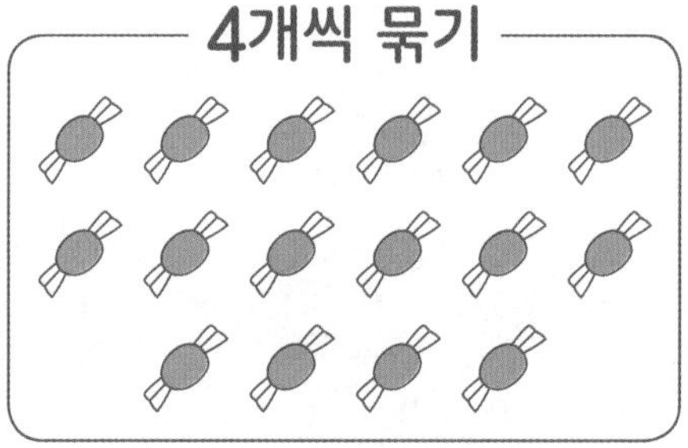

$16 \div 4 = $ ☐

⓭

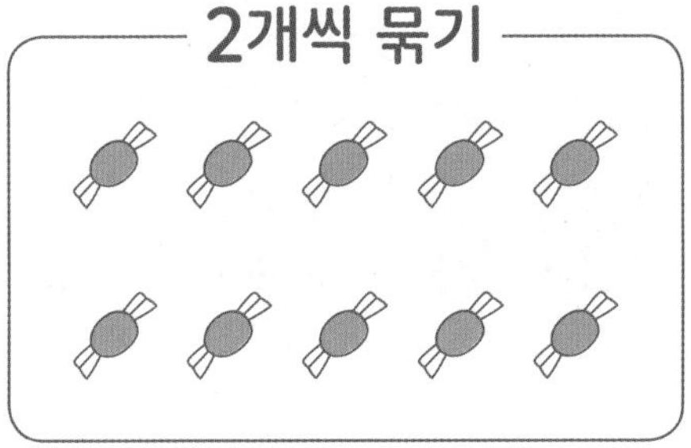

$10 \div 2 = $ ☐

⓮

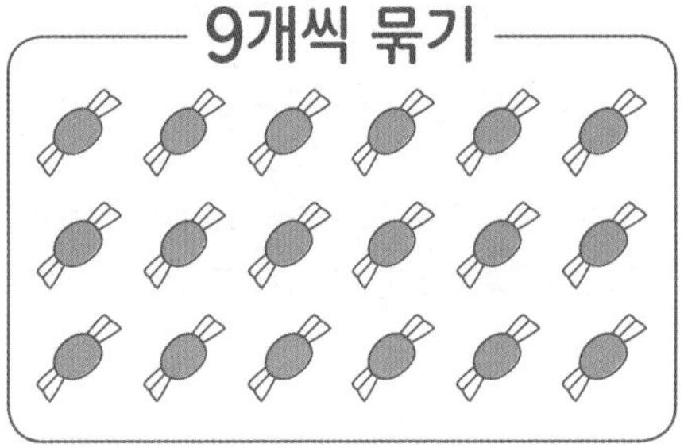

$18 \div 9 = $ ☐

공부 끝!

맞힌 개수

/14개

부모님 확인

오늘의 숫자 **75**에 색칠하세요.

Day 41

0이 될 때까지 같은 수를 뺀 횟수가 나눗셈의 몫이 돼.

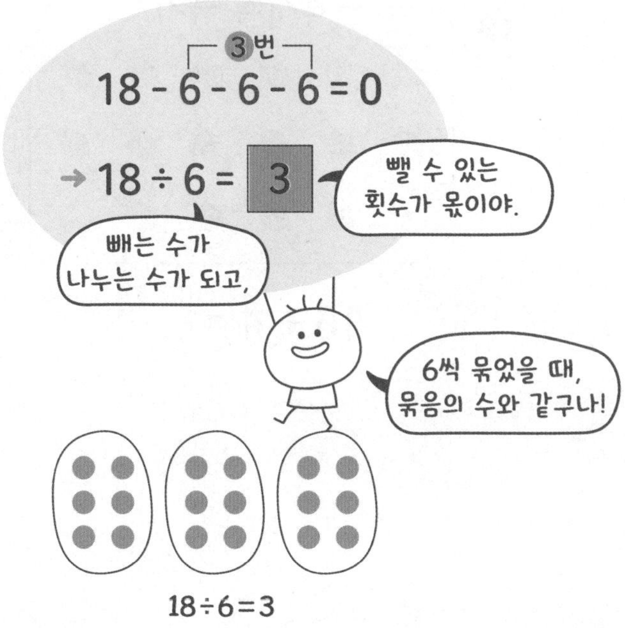

❶ $21 - 7 - 7 - 7 = 0 \rightarrow 21 \div 7 = \square$

❷ $16 - 8 - 8 = 0 \rightarrow 16 \div 8 = \square$

❸ $20 - 5 - 5 - 5 - 5 = 0 \rightarrow 20 \div \square = \square$

❹ $24 - 6 - 6 - 6 - 6 = 0 \rightarrow 24 \div \square = \square$

❺ $32 - 4 - 4 - 4 - 4 - 4 - 4 - 4 - 4 = 0 \rightarrow 32 \div \square = \square$

❻ $9 - 3 - 3 - \square = 0 \rightarrow 9 \div 3 = \square$

❼ $28 - 7 - \square - \square - \square = 0 \rightarrow 28 \div 7 = \square$

❽ $25 - 5 - \square - \square - \square - \square = 0 \rightarrow 25 \div 5 = \square$

⑨ 54 - 9 - □ - □ - □ - □ - □ = 0 → 54 ÷ □ = □

⑩ 40 - 8 - □ - □ - □ - □ = 0 → 40 ÷ □ = □

⑪ 15 - □ - □ - □ - □ - □ = 0 → 15 ÷ 3 = □

⑫ 42 - □ - □ - □ - □ - □ - □ - □ = 0 → 42 ÷ 6 = □

⑬ 48 - 8 - □ - □ - □ - □ - □ = 0 → 48 ÷ □ = □

⑭ 36 - 4 - □ - □ - □ - □ - □ - □ - □ - □ = 0 → 36 ÷ □ = □

⑮ 30 - 5 - □ - □ - □ - □ - □ = 0 → 30 ÷ 5 = □

⑯ 35 - □ - □ - □ - □ - □ = 0 → 35 ÷ 7 = □

공부 끝!

맞힌 개수 /16개

부모님 확인

오늘의 숫자 **10**에 색칠하세요.

Day 42

묶는 방법에 따라 2개의
곱셈식과 나눗셈식으로 나타낼 수 있어.
2가지 방법으로 묶고, 식으로 나타내 봐.

❶

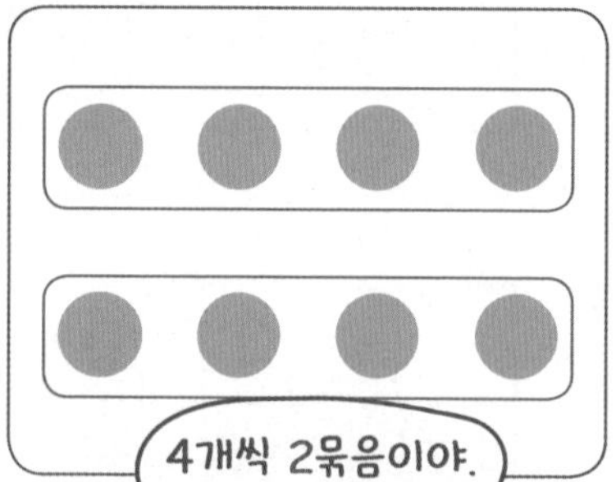

$4 \times \boxed{2} = 8$

$8 \div 4 = \square$

묶음의 수가 몫이 돼.

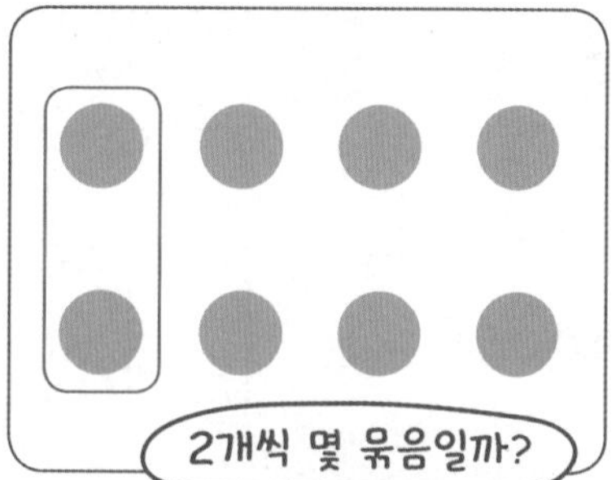

$2 \times \square = 8$

$8 \div 2 = \square$

❷

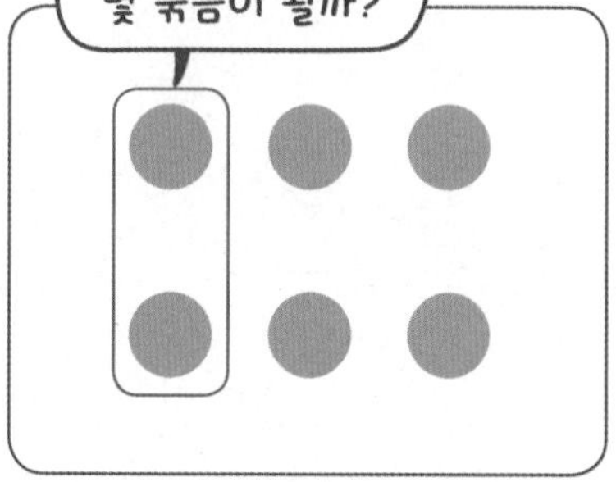

$2 \times \square = 6$

$6 \div 2 = \square$

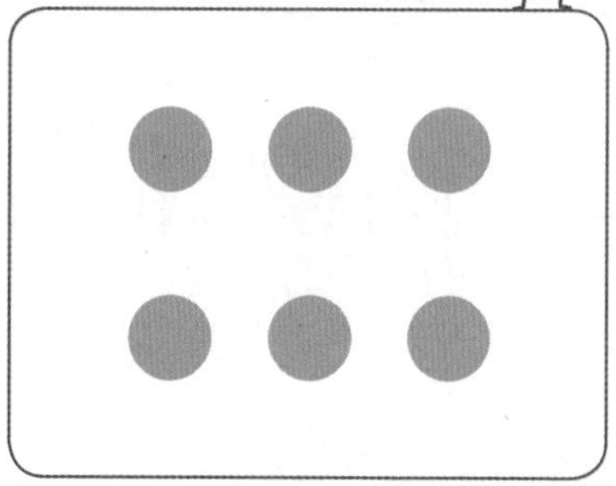

$3 \times \square = 6$

$6 \div 3 = \square$

❸

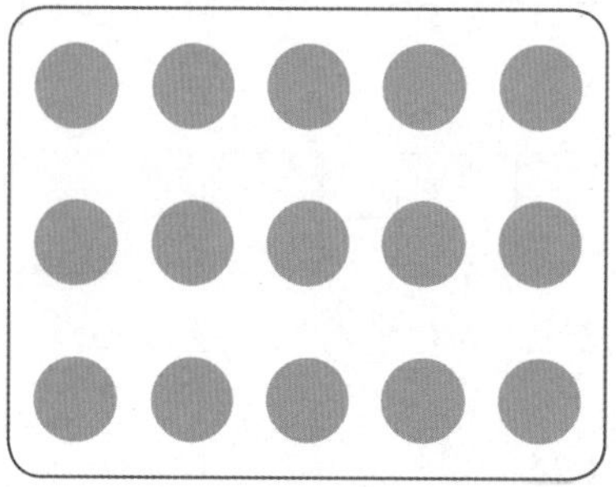

$3 \times \square = \square$

$15 \div 3 = \square$

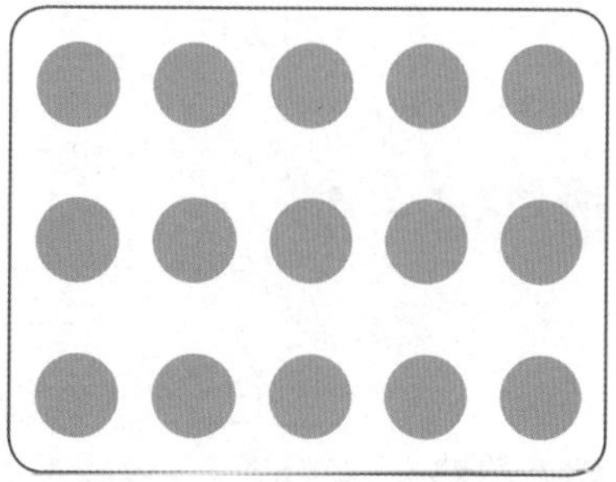

$5 \times \square = \square$

$15 \div 5 = \square$

❹

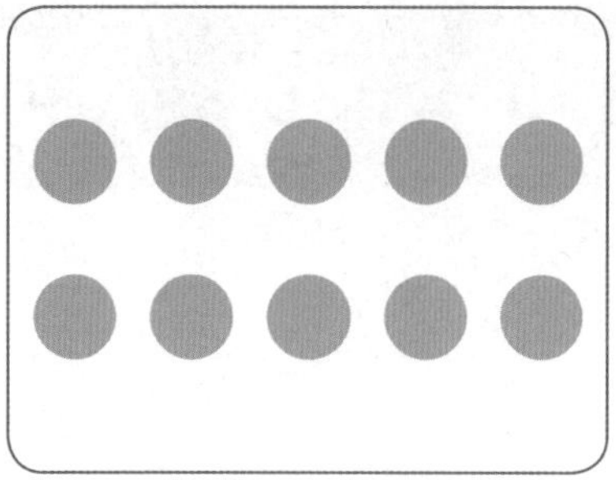

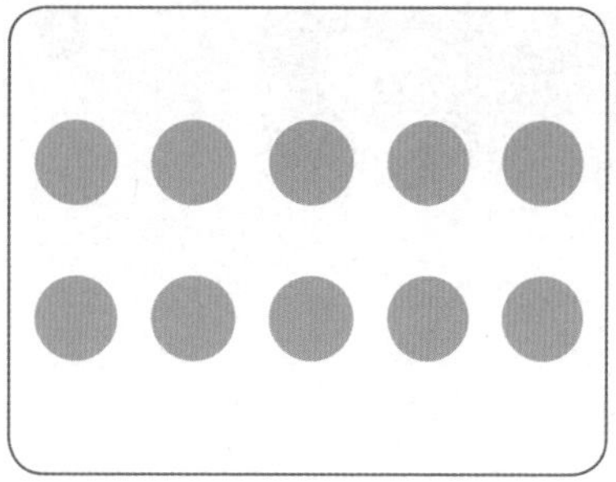

$\begin{cases} 5 \times \square = \square \\ \square \div 5 = \square \end{cases}$ $\begin{cases} 2 \times \square = \square \\ \square \div 2 = \square \end{cases}$

❺

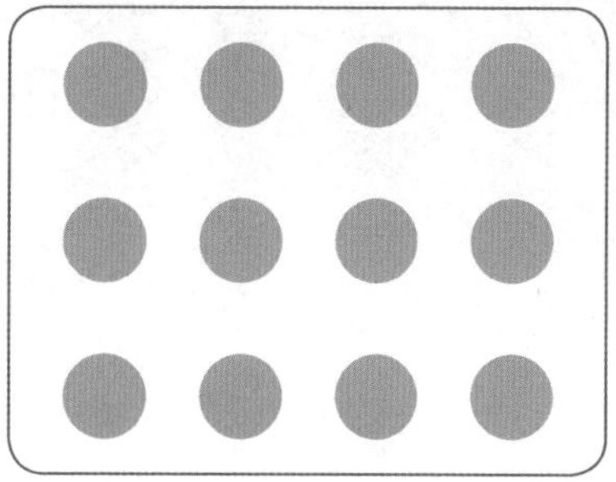

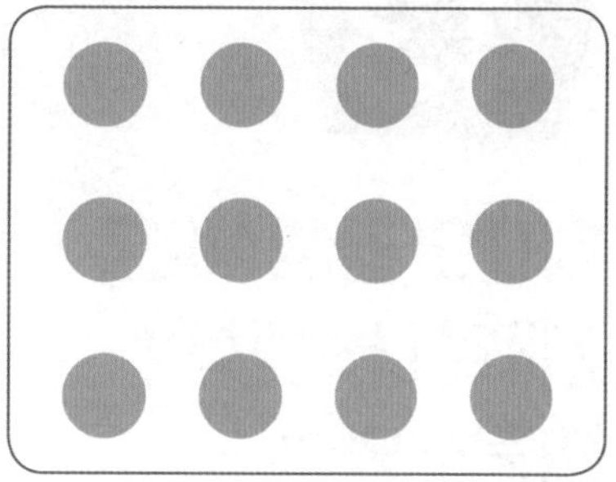

$\begin{cases} 6 \times \square = \square \\ \square \div 6 = \square \end{cases}$ $\begin{cases} 2 \times \square = \square \\ \square \div 2 = \square \end{cases}$

❻

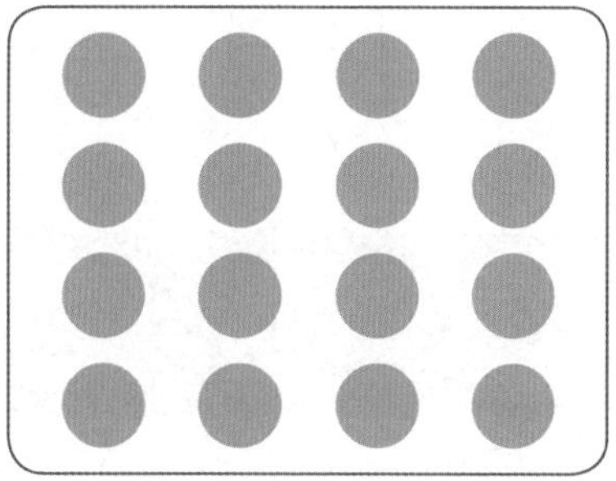

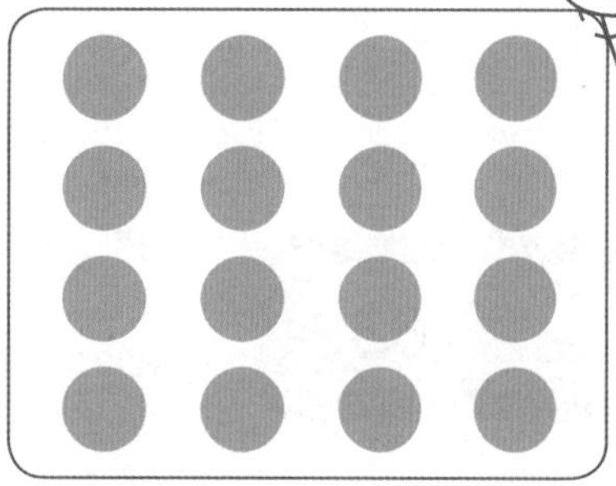

$\begin{cases} 8 \times \square = 16 \\ \square \div 8 = \square \end{cases}$ $\begin{cases} 2 \times \square = 16 \\ \square \div 2 = \square \end{cases}$

16은 4개씩 4묶음으로도
나눌 수 있네?
그러면 $\begin{cases} 4 \times 4 = 16 \\ 16 \div 4 = 4 \end{cases}$로
나타낼 수 있겠어!

공부 끝!

맞힌 개수 /6개

부모님 확인

오늘의 숫자 **96**에 색칠하세요.

월 일 /5 분

Day 43

하나의 곱셈식으로
2개의 나눗셈식을
만들 수 있어.

❶ 2 × 4 = 8

8 ÷ 2 = ☆

8 ÷ 4 = ○

❷ 5 × 6 = 30

♡ ÷ ○ = ☆

♡ ÷ ☆ = ○

❸ 3 × 5 = 15

♡ ÷ ○ = ☆

♡ ÷ ☆ = ○

❹ 6 × 8 = 48

♡ ÷ ○ = ☆

♡ ÷ ☆ = ○

❺ 9 × 8 = 72

♡ ÷ ○ = ☆

♡ ÷ ☆ = ○

❻ 4 × 9 = 36

♡ ÷ ○ = ☆

♡ ÷ ☆ = ○

❼ 7 × 9 = 63

♡ ÷ ○ = ☆

♡ ÷ ☆ = ○

❽ 4 × 5 = 20

♡ ÷ ○ = ☆

♡ ÷ ☆ = ○

하나의 나눗셈식으로
2개의 곱셈식을
만들 수 있어.

⑨ 21 ÷ 7 = 3

7 × 3 = ○

3 × 7 = ○

⑩ 56 ÷ 8 = 7

☆ × ♡ = ○

♡ × ☆ = ○

⑪ 10 ÷ 5 = 2

☆ × ♡ = ○

♡ × ☆ = ○

⑫ 6 ÷ 3 = 2

☆ × ♡ = ○

♡ × ☆ = ○

⑬ 54 ÷ 6 = 9

☆ × ♡ = ○

♡ × ☆ = ○

⑭ 12 ÷ 4 = 3

☆ × ♡ = ○

♡ × ☆ = ○

⑮ 20 ÷ 5 = 4

☆ × ♡ = ○

♡ × ☆ = ○

두 수를 바꾸어
곱해도 결과는
같아.

공부 끝!

맞힌 개수 /15개

부모님 확인

오늘의 숫자 **81**에 색칠하세요.

월 일 /5 분

Day 44

곱셈식과 나눗셈식은 서로 바꾸어 나타낼 수 있어.

❶ $2 \times 4 = 8$

□ ÷ □ = □
□ ÷ □ = □

서로 다른 두 나눗셈식을 만들어야 해.

❷ $3 \times 7 = 21$

□ ÷ □ = □
□ ÷ □ = □

❸ $5 \times 8 = 40$

□ ÷ □ = □
□ ÷ □ = □

❹ $9 \times 6 = 54$

□ ÷ □ = □
□ ÷ □ = □

❺ $7 \times 5 = 35$

□ ÷ □ = □
□ ÷ □ = □

❻ $4 \times 8 = 32$

□ ÷ □ = □
□ ÷ □ = □

❼ $8 \times 2 = 16$

□ ÷ □ = □
□ ÷ □ = □

❽ $6 \times 7 = 42$

□ ÷ □ = □
□ ÷ □ = □

❾ $9 \times 2 = 18$

□ ÷ □ = □
□ ÷ □ = □

❿ $6 \times 4 = 24$

□ ÷ □ = □
□ ÷ □ = □

⓫ $2 \times 6 = 12$

□ ÷ □ = □
□ ÷ □ = □

같은 수끼리의 곱셈식은

⓬ $4 \times 4 = 16$ → □ ÷ □ = □

하나의 나눗셈식으로 나타낼 수 있어.

⓭ $6 \times 6 = 36$ → □ ÷ □ = □

나눗셈식에서
나누어지는 수는

곱셈식에서
계산 결과가 돼.

⑭ $6 \div 3 = 2$

□ × □ = □
□ × □ = □

⑮ $24 \div 4 = 6$

□ × □ = □
□ × □ = □

⑯ $72 \div 8 = 9$

□ × □ = □
□ × □ = □

⑰ $15 \div 3 = 5$

□ × □ = □
□ × □ = □

⑱ $56 \div 7 = 8$

□ × □ = □
□ × □ = □

⑲ $30 \div 6 = 5$

□ × □ = □
□ × □ = □

⑳ $45 \div 5 = 9$

□ × □ = □
□ × □ = □

㉑ $10 \div 2 = 5$

□ × □ = □
□ × □ = □

㉒ $63 \div 9 = 7$

□ × □ = □
□ × □ = □

㉓ $48 \div 8 = 6$

□ × □ = □
□ × □ = □

㉔ $25 \div 5 = 5$ → □ × □ = □

하나의 곱셈식으로 나타낼 수 있어.

㉕ $49 \div 7 = 7$ → □ × □ = □

나누는 수와 몫이 같으면

공부 끝!

맞힌 개수

/25개

부모님 확인

오늘의 숫자 **72**에 색칠하세요.

Day 45

세 수로 2개의 곱셈식과 2개의 나눗셈식을 만들어 봐.

세 수로 만들 수 있는 곱셈식을 먼저 찾으면 나눗셈식을 쉽게 만들 수 있어.

❶ 10, 2, 5

___ × 5 = ___
___ × 2 = ___
___ ÷ 2 = ___
___ ÷ 5 = ___

❷ 28, 4, 7

4 × ___ = ___
___ × ___ = ___
___ ÷ ___ = ___
___ ÷ 7 = ___

곱셈과 나눗셈의 관계는 덧셈과 뺄셈의 관계와 같아.

❸ 8, 40, 5

5 × ___ = ___
___ × ___ = ___
___ ÷ 5 = ___
___ ÷ ___ = ___

❹ 9, 4, 36

___ × 4 = ___
___ × ___ = ___
___ ÷ ___ = ___
___ ÷ 4 = ___

❺ 7, 3, 21

___ × ___ = ___
3 × ___ = ___
___ ÷ 7 = ___
___ ÷ ___ = ___

❻

48, 8, 6

___ × ___ = ___

___ × ___ = ___

___ ÷ ___ = ___

___ ÷ ___ = ___

❼

27, 9, 3

___ × ___ = ___

___ × ___ = ___

___ ÷ ___ = ___

___ ÷ ___ = ___

❽

8, 7, 56

___ × ___ = ___

___ × ___ = ___

___ ÷ ___ = ___

___ ÷ ___ = ___

❾

72, 8, 9

___ × ___ = ___

___ × ___ = ___

___ ÷ ___ = ___

___ ÷ ___ = ___

❿

9, 63, 7

___ × ___ = ___

___ × ___ = ___

___ ÷ ___ = ___

___ ÷ ___ = ___

공부 끝!

맞힌 개수 /10개

부모님 확인

오늘의 숫자 **84**에 색칠하세요.

연산 놀이터

친구와 테니스를 치던 하니의 라켓 줄이 끊어졌어.
나눗셈을 계산하고 몫이 같은 칸끼리 연결해 라켓을 고쳐 줘.

부모님 확인

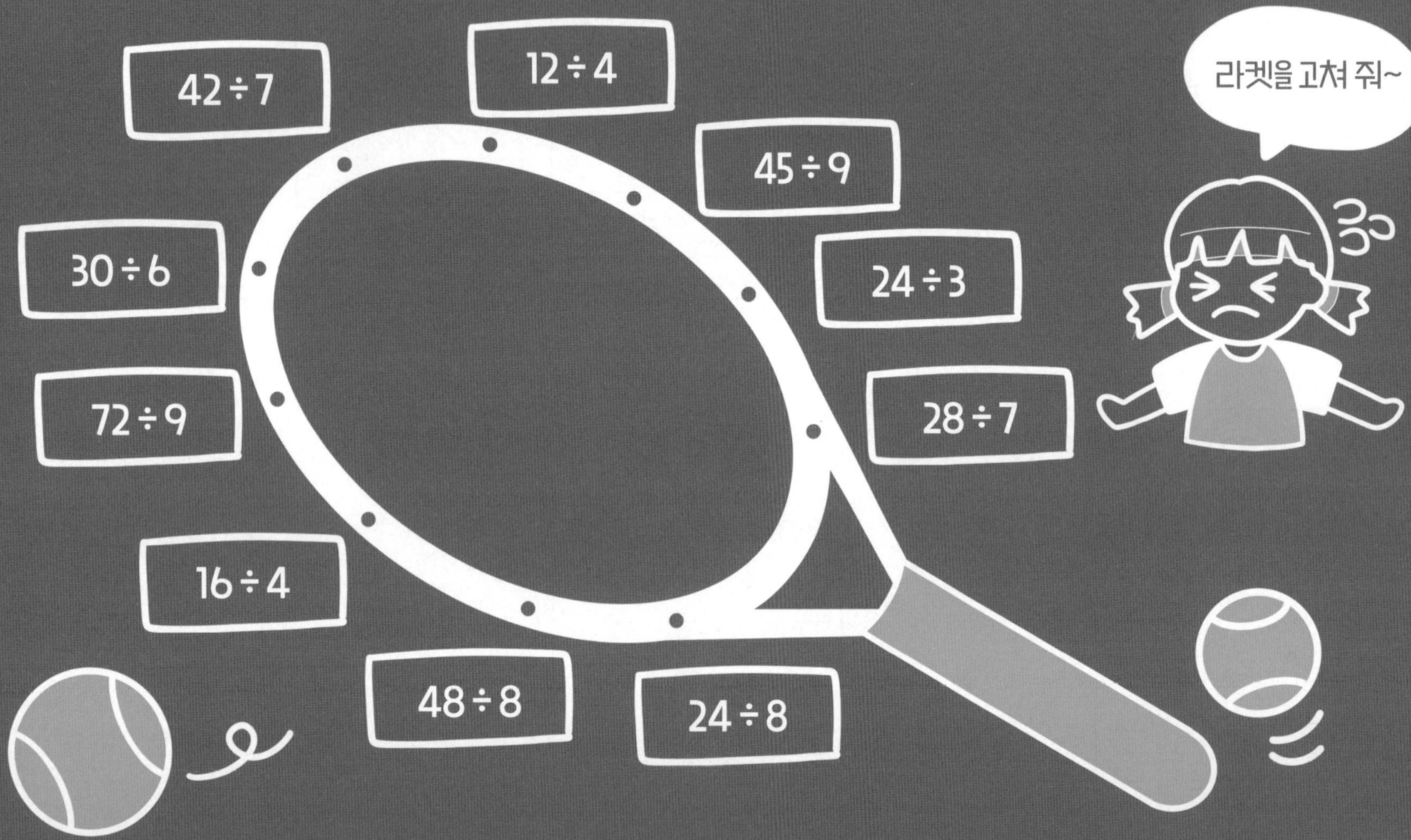

10

나눗셈의 몫 구하기

이번에는 무엇을 배울까?

나눗셈의 기초

나눗셈의 몫 구하기

(몇십)×(몇십),
(몇십몇)×(몇십)

이렇게 지도해요!

❶ 먼저 설명해 주세요.

나눗셈식을 곱셈식으로 바꾸고 곱셈구구로 나눗셈의 몫을 구하는 방법을 그림과 말로 풀어내었습니다. 아이와 함께 따라 읽어 보고, 나눗셈의 몫을 구하기 위해 몇 단 곱셈구구가 필요한지 바로 떠올릴 수 있도록 연습합니다.

❷ 수를 이해하며 계산해요.

설명과 이어지는 그림을 이용하여 Day46에서 재미있게 문제를 풉니다.

❸ 충분히 연습해요.

Day47 ~ Day50의 문제 풀이를 통해 나눗셈의 몫을 구하는 방법을 충분히 연습하여 곱셈구구 범위 안에서의 나눗셈의 기초를 다집니다.

스스로 계획을 세워요!

	공부할 날짜	목표 시간	복습할 날짜
Day 46/50	월 / 일	분 / 10개	월 / 일
Day 47/50	월 / 일	분 / 16개	월 / 일
Day 48/50	월 / 일	분 / 29개	월 / 일
Day 49/50	월 / 일	분 / 44개	월 / 일
Day 50/50	월 / 일	분 / 44개	월 / 일

선생님의 칠판

사과 18개를 한 명에게 3개씩 나누어 주면
몇 명에게 줄 수 있을까?

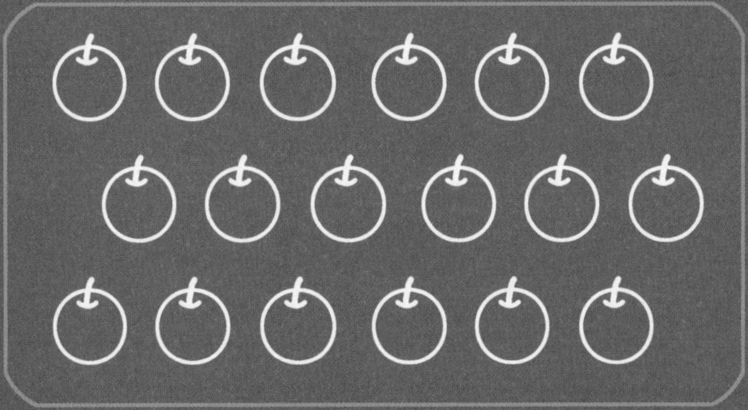

나눗셈식 으로 나타내 볼까?

➡ 18 ÷ 3 = 6 명

곱셈식 으로 나타내 볼까?

➡ 3 × 6 = 18

곱셈표를 보고 구해 볼까?

×	1	2	3	4	5	6
1	1	2	3	4	5	6
2	2	4	6	8	10	12
3	3	6	9	12	15	18
4	4	8	12	16	20	24
5	5	10	15	20	25	30
6	6	12	18	24	30	36

3 × 6 = 18 → 18 ÷ 3 = 6

6 × 3 = 18 → 18 ÷ 6 = 3

Day 46

주머니에 나누어져 있는 사탕을 알맞은 곱셈식으로 나타내고, 나눗셈의 몫을 구해 봐.

❶

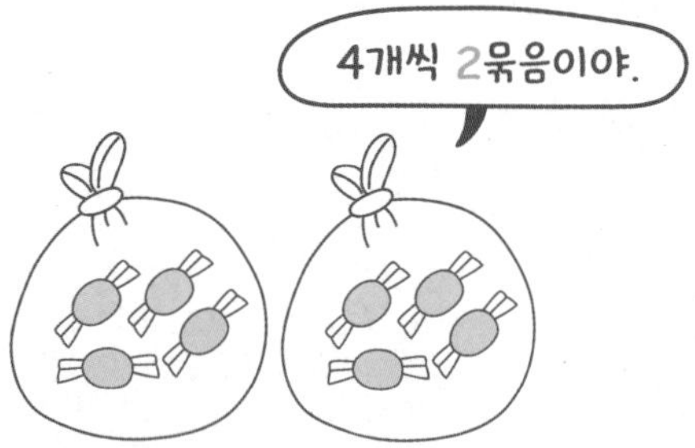

$4 \times \boxed{2} = 8$

$8 \div 4 = \square$

❷

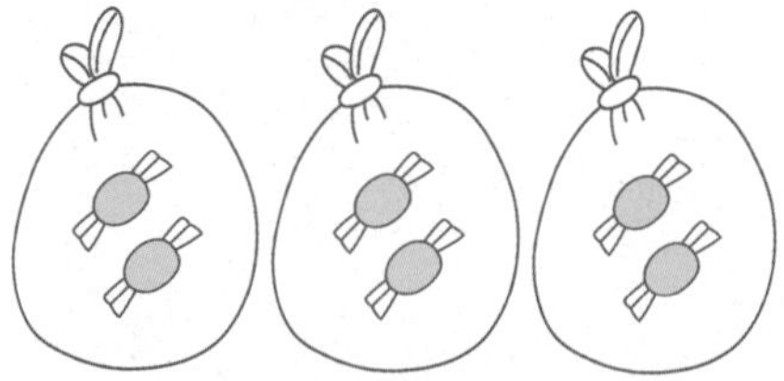

$2 \times \square = 6$

$6 \div 2 = \square$

❸

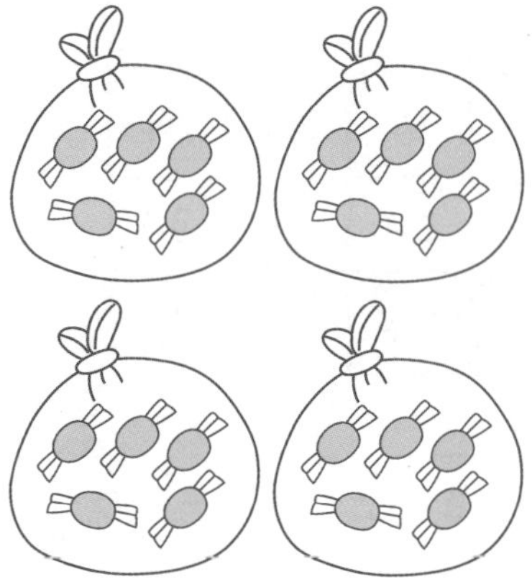

$5 \times \square = 20$

$20 \div 5 = \square$

❹

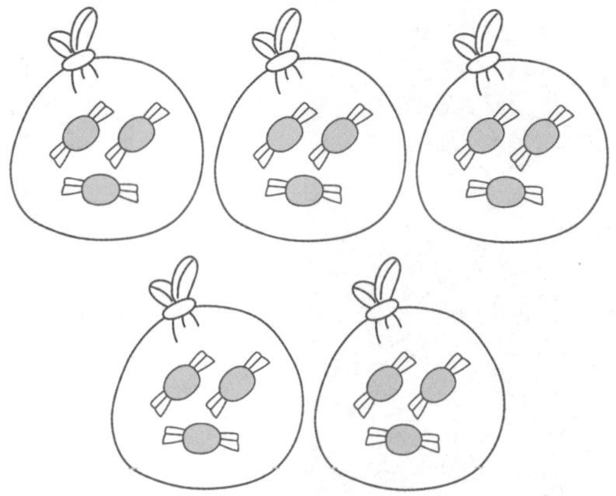

$3 \times \square = 15$

$15 \div 3 = \square$

❺

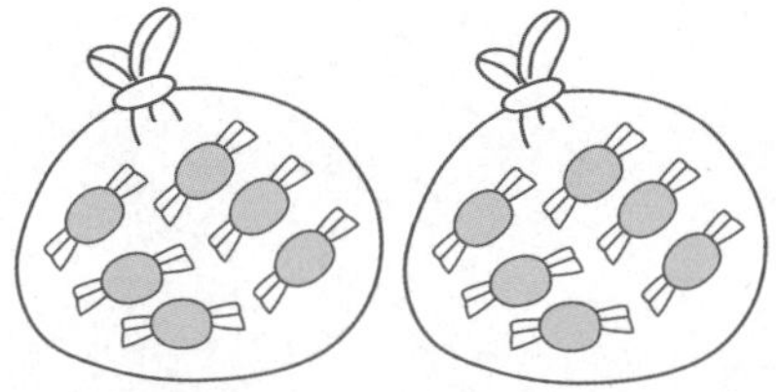

$6 \times \square = 12$

$12 \div 6 = \square$

❻

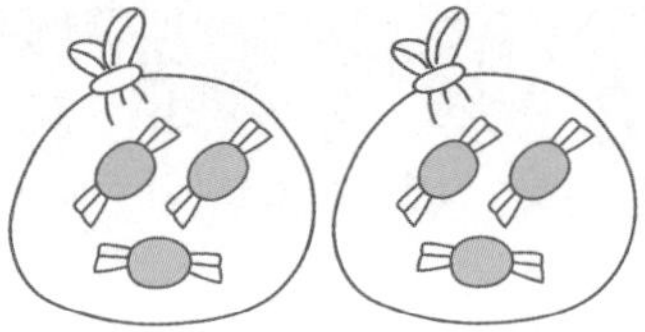

┌ 3 × ☐ = ☐
└ 6 ÷ 3 = ☐

❼

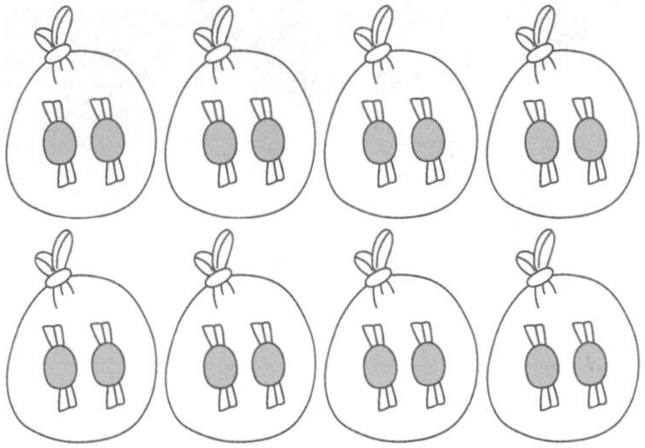

┌ 2 × ☐ = ☐
└ 16 ÷ 2 = ☐

❽

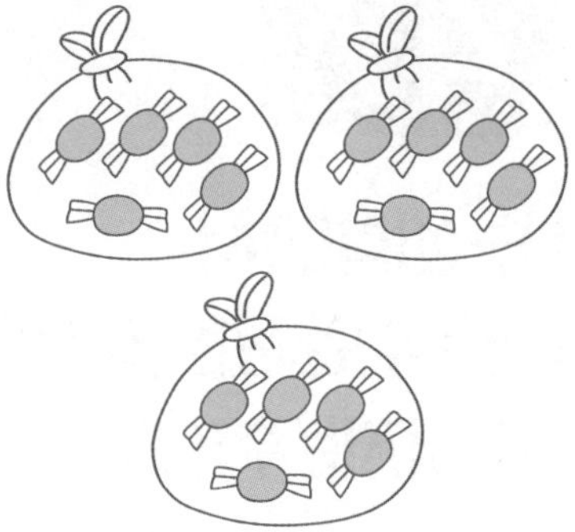

┌ 5 × ☐ = ☐
└ 15 ÷ 5 = ☐

❾

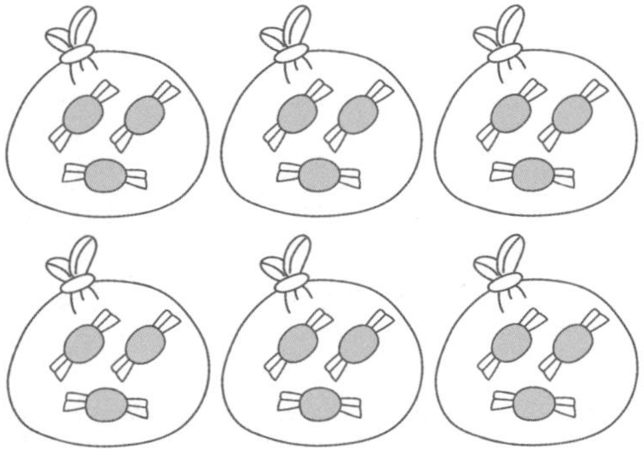

┌ 3 × ☐ = ☐
└ 18 ÷ 3 = ☐

❿

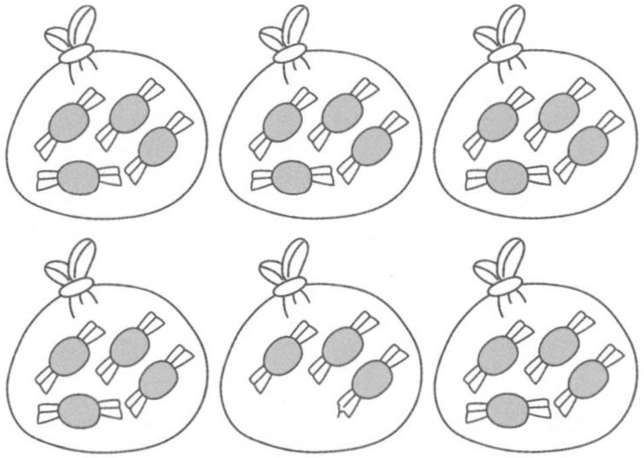

┌ 4 × ☐ = ☐
└ 24 ÷ 4 = ☐

공부 끝!

맞힌 개수

/10개

부모님 확인

오늘의 숫자 **6**에 색칠하세요.

Day 47

**나눗셈식에서
나누는 수와 몫을 곱하면
나누어지는 수가 돼.**

❶ (나누어지는 수) (나누는 수) (몫)

$14 \div 2 = 7$

→ $2 \times 7 = \square$

❷ $18 \div 3 = 6$

→ $\square \times \square = \square$

❸ $25 \div 5 = 5$

→ $\square \times \square = \square$

❹ $36 \div 4 = 9$

→ $\square \times \square = \square$

❺ $6 \div 1 = 6$

→ $\square \times \square = \square$

나눗셈식을 곱셈식으로
바꿔 보며 곱셈식에서
나눗셈의 몫의 위치를
살펴봐.

❻ $21 \div 7 = 3$

→ $\square \times \square = \square$

❼ $56 \div 8 = 7$

→ $\square \times \square = \square$

❽ $9 \div 9 = 1$

→ $\square \times \square = \square$

❾ (12) ÷ ☆2 = ♡6
→ ☆ × ♡ = ○

❿ (63) ÷ ☆7 = ♡9
→ ☆ × ♡ = ○

⓫ (40) ÷ ☆5 = ♡8
→ ☆ × ♡ = ○

⓬ (36) ÷ ☆6 = ♡6
→ ☆ × ♡ = ○

⓭ (54) ÷ ☆9 = ♡6
→ ☆ × ♡ = ○

⓮ (28) ÷ ☆4 = ♡7
→ ☆ × ♡ = ○

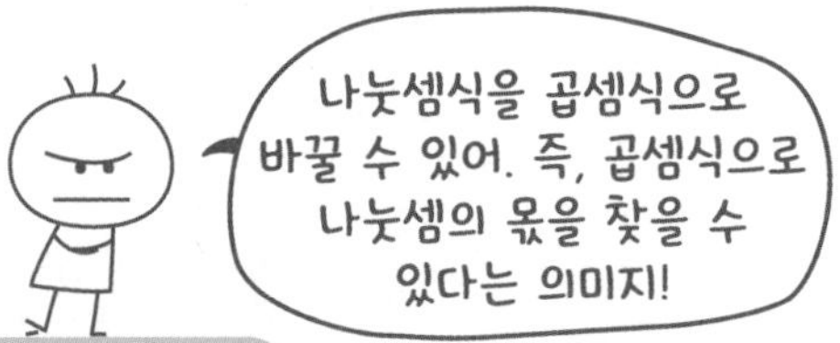

⓯ (72) ÷ ☆8 = ♡9
→ ☆ × ♡ = ○

⓰ (24) ÷ ☆3 = ♡8
→ ☆ × ♡ = ○

공부 끝!

맞힌 개수 /16개

부모님 확인

월 일 /6 분

Day 48

곱셈식을 이용하여 나눗셈의 몫을 구해 봐.

❶ $2 \times 3 = 6$ (곱하는 수 3이)
→ $6 \div 2 = \square$ (나눗셈의 몫이 돼.)

❷ $5 \times 7 = 35$ (곱해지는 수 5가)
→ $35 \div 7 = \square$ (나눗셈의 몫이 돼.)

❸ $3 \times 7 = 21$
→ $21 \div 3 = \square$

❹ $9 \times 5 = 45$
→ $45 \div 5 = \square$

❺ $6 \times 2 = 12$
→ $12 \div 6 = \square$

❻ $4 \times 8 = 32$
→ $32 \div 8 = \square$

❼ $8 \times 6 = 48$
→ $48 \div 8 = \square$

❽ $3 \times \square = 15$ (3단 곱셈구구에서 곱이 15가 되는 수는?)
→ $15 \div 3 = \square$

❾ $6 \times \square = 48$
→ $48 \div 6 = \square$

❿ $3 \times \square = 27$
→ $27 \div 3 = \square$

⓫ $2 \times \square = 8$
→ $8 \div 2 = \square$

⓬ $8 \times \square = 72$
→ $72 \div 8 = \square$

⓭ $9 \times \square = 36$
→ $36 \div 9 = \square$

⓮ $7 \times \square = 42$
→ $42 \div 7 = \square$

⓯ $5 \times \square = 25$
→ $25 \div 5 = \square$

나눗셈식에서 나누는 수를 보고 몇 단 곱셈구구를 이용하는지 알 수 있어.

⑯ 18 ÷ 3 = □

3 × 6 = 18

3단 곱셈구구에서 곱이 18이 되는 수를 찾으면 돼!

⑰ 15 ÷ 5 = □

5 × □ = 15

⑱ 16 ÷ 4 = □

4 × □ = 16

⑲ 20 ÷ 4 = □

4 × □ = 20

⑳ 63 ÷ 9 = □

9 × □ = 63

㉑ 32 ÷ 8 = □

8 × □ = 32

㉒ 42 ÷ 6 = □

6 × □ = 42

㉓ 54 ÷ 6 = □

6 × □ = 54

㉔ 8 ÷ 8 = □

8 × □ = 8

㉕ 14 ÷ 2 = □

2 × □ = 14

㉖ 5 ÷ 5 = □

5 × □ = 5

㉗ 49 ÷ 7 = □

7 × □ = 49

㉘ 6 ÷ 3 = □

3 × □ = 6

㉙ 18 ÷ 2 = □

2 × □ = 18

공부 끝!

맞힌 개수

/29개

부모님 확인

오늘의 숫자 14에 색칠하세요.

Day 49

몫을 구하는 데 필요한 곱셈구구를 떠올려 봐.

❶ 8 ÷ 2 =

2×4=8

나누는 수가 2이니까 2단 곱셈구구를 외워 봐!

❷ 6 ÷ 3

❸ 14 ÷ 7

❹ 24 ÷ 4

❺ 4 ÷ 2

❻ 35 ÷ 5

❼ 32 ÷ 8

❽ 8 ÷ 1

1로 나누면

나누어지는 수와 몫이 항상 같아!

❾ 21 ÷ 7

❿ 18 ÷ 6

⓫ 48 ÷ 8

⓬ 56 ÷ 7

⓭ 45 ÷ 9

⓮ 10 ÷ 2

⓯ 15 ÷ 3

⓰ 16 ÷ 4

⓱ 36 ÷ 9

⓲ 18 ÷ 2

⓳ 63 ÷ 7

⓴ 72 ÷ 9

㉑ 25 ÷ 5

㉒ 48 ÷ 6

㉓ $64 \div 8$

㉔ $42 \div 6$

㉕ $20 \div 4$

㉖ $81 \div 9$

㉗ $45 \div 5$

㉘ $35 \div 7$

㉙ $21 \div 3$

㉚ $24 \div 8$

㉛ $5 \div 1$

㉜ $28 \div 4$

㉝ $16 \div 2$

㉞ $24 \div 6$

㉟ $14 \div 2$

㊱ $54 \div 9$

㊲ $12 \div 6$

㊳ $8 \div 4$

㊴ $9 \div 3$

㊵ $40 \div 8$

㊶ $27 \div 9$

㊷ $30 \div 5$

㊸ $56 \div 8$

㊹ $12 \div 4$

공부 끝!

맞힌 개수

/44개

부모님 확인

오늘의 숫자 **65**에 색칠하세요.

Day 50

곱셈구구를 이용하여
나눗셈의 몫을 구해 봐.

❶ $12 \div 2$

❷ $7 \div 1$

❸ $28 \div 4$

❹ $16 \div 8$

❺ $40 \div 5$

❻ $6 \div 1$

❼ $12 \div 4$

❽ $18 \div 9$

❾ $56 \div 8$

❿ $27 \div 3$

⓫ $48 \div 6$

⓬ $12 \div 3$

⓭ $63 \div 9$

⓮ $36 \div 4$

⓯ $20 \div 5$

⓰ $2 \div 1$

⓱ $36 \div 6$

⓲ $56 \div 7$

⓳ $27 \div 3$

⓴ $42 \div 7$

㉑ $16 \div 2$

㉒ $45 \div 9$

㉓ $18 \div 3$

㉔ $6 \div 2$

㉕ $28 \div 7$

㉖ $10 \div 5$

㉗ $63 \div 7$

㉘ $30 \div 6$

㉙ $24 \div 3$

㉚ $9 \div 3$

㉛ $15 \div 5$

㉜ $20 \div 4$

㉝ $81 \div 9$

㉞ $40 \div 8$

㉟ $49 \div 7$

㊱ $25 \div 5$

㊲ $24 \div 6$

㊳ $18 \div 6$

㊴ $9 \div 9$

㊵ $72 \div 8$

㊶ $54 \div 6$

㊷ $48 \div 8$

㊸ $6 \div 6$

㊹ $18 \div 2$

공부 끝!

맞힌 개수

/44개

부모님 확인

오늘의 숫자 **93**에 색칠하세요.

연산 놀이터

자물쇠가 잠긴 보물상자를 발견했어.
규칙을 찾아 빈칸에 들어갈 수를 쓰고, 암호를 풀어서 보물상자를 열어 볼까?

부모님 확인

12	27	9	21	3
20	45	15	35	
8	18	6	14	
32	72	24	56	8
4		3		

연산

범위 1단계 ~ 5단계

실력 점검하기

맞힌 개수: /43 걸린 시간: /분

01 $\begin{array}{r} 20 \\ \times\ \ 4 \\ \hline \end{array}$

02 $\begin{array}{r} 20 \\ \times\ \ 5 \\ \hline \end{array}$

03 $\begin{array}{r} 20 \\ \times\ \ 6 \\ \hline \end{array}$

04 $\begin{array}{r} 20 \\ \times\ \ 7 \\ \hline \end{array}$

05 30×6

60×3

06 50×8

80×5

07 $\begin{array}{r} 40 \\ \times\ \ \square \\ \hline 120 \end{array}$

08 $\begin{array}{r} 40 \\ \times\ \ \square \\ \hline 160 \end{array}$

09 $\begin{array}{r} 21 \\ \times\ \ 4 \\ \hline \end{array}$

10 $\begin{array}{r} 12 \\ \times\ \ 4 \\ \hline \end{array}$

11 $\begin{array}{r} 32 \\ \times\ \ 3 \\ \hline \end{array}$

12 $\begin{array}{r} 33 \\ \times\ \ 2 \\ \hline \end{array}$

13 13×2

13×3

14 12×2

12×3

15 43×2

16 33×3

17 23×2

18 14×2

19 $\begin{array}{r} 31 \\ \times\ \ 9 \\ \hline \end{array}$

20 $\begin{array}{r} 51 \\ \times\ \ 3 \\ \hline \end{array}$

21 $\begin{array}{r} 72 \\ \times \ \ 3 \\ \hline \end{array}$

22 $\begin{array}{r} 82 \\ \times \ \ 3 \\ \hline \end{array}$

23 41×6

24 51×6

25 61×6

26 $\begin{array}{r} 32 \\ \times \ \ 4 \\ \hline \end{array}$

27 $\begin{array}{r} 23 \\ \times \ \ 4 \\ \hline \end{array}$

28 $\begin{array}{r} 15 \\ \times \ \ 3 \\ \hline \end{array}$

29 $\begin{array}{r} 13 \\ \times \ \ 5 \\ \hline \end{array}$

30 $\begin{array}{r} 55 \\ \times \ \ 2 \\ \hline \end{array}$

31 $\begin{array}{r} 55 \\ \times \ \ 4 \\ \hline \end{array}$

32 $25 \times 2 =$

33 $35 \times 2 =$

34 $63 \times 4 =$

35 $74 \times 8 =$

36 28×2

28×3

28×4

37 $\begin{array}{r} 57 \\ \times \ \ 6 \\ \hline \end{array}$

38 $\begin{array}{r} 68 \\ \times \ \ 7 \\ \hline \end{array}$

39 $49 \times 4 =$

40 $74 \times 9 =$

41 76×7

42 86×6

43 96×5

연산

범위 6단계 ~ 10단계

실력 점검하기

맞힌 개수: /44 걸린 시간: /분

01 400×2

400×3

02 $\begin{array}{r} 200 \\ \times \quad \square \\ \hline 600 \end{array}$

03 $\begin{array}{r} 300 \\ \times \quad \square \\ \hline 2400 \end{array}$

04 $\begin{array}{r} 123 \\ \times \quad 2 \\ \hline \end{array}$

05 $\begin{array}{r} 312 \\ \times \quad 3 \\ \hline \end{array}$

06 $\begin{array}{r} 210 \\ \times \quad 4 \\ \hline \end{array}$

07 $\begin{array}{r} 431 \\ \times \quad 2 \\ \hline \end{array}$

08 202×3

09 220×3

10 102×4

11 201×4

12 $\begin{array}{r} 237 \\ \times \quad 2 \\ \hline \end{array}$

13 $\begin{array}{r} 273 \\ \times \quad 2 \\ \hline \end{array}$

14 $\begin{array}{r} 328 \\ \times \quad 3 \\ \hline \end{array}$

15 $\begin{array}{r} 283 \\ \times \quad 3 \\ \hline \end{array}$

16 $\begin{array}{r} 612 \\ \times \quad 4 \\ \hline \end{array}$

17 $\begin{array}{r} 922 \\ \times \quad 4 \\ \hline \end{array}$

18 $\begin{array}{r} 108 \\ \times \quad 7 \\ \hline \end{array}$

19 $\begin{array}{r} 501 \\ \times \quad 6 \\ \hline \end{array}$

20 $108 \times 8 =$

21 $172 \times 4 =$

22 148×5

23 184×5

24 508×6

25 580×6

26 376×2

27 376×3

28 $628 \times 4 =$

29 $257 \times 8 =$

30 $35 - 5 - 5 - 5 - 5 - 5 - 5 - 5 = 0$

→ $35 \div \square = \square$

31 $48 - 6 - 6 - 6 - 6 - 6 - 6 - 6 - 6 = 0$

→ $48 \div \square = \square$

32 $48 - 8 - 8 - 8 - 8 - 8 - 8 = 0$

→ $48 \div \square = \square$

33 $4 \times 8 = 32$

$\square \div \square = \square$

$\square \div \square = \square$

34 $27 \div 3 = 9$

$\square \times \square = \square$

$\square \times \square = \square$

35 $16 \div 2$

36 $15 \div 3$

37 $36 \div 4$

38 $30 \div 5$

39 $56 \div 7$

40 $45 \div 9$

41 $42 \div 6$

42 $42 \div 7$

43 $54 \div \square = 9$

44 $\square \div 9 = 7$

연산

범위 1단계 ~ 10단계

실력 점검하기

맞힌 개수: /45 걸린 시간: /분

01 30×4

300×4

02 $\begin{array}{r} 60 \\ \times \square \\ \hline 480 \end{array}$

03 $\begin{array}{r} 400 \\ \times \square \\ \hline 2000 \end{array}$

04 $\begin{array}{r} 42 \\ \times 2 \\ \hline \end{array}$

05 $\begin{array}{r} 21 \\ \times 3 \\ \hline \end{array}$

06 23×2

22×3

07 $\begin{array}{r} 61 \\ \times 7 \\ \hline \end{array}$

08 $\begin{array}{r} 82 \\ \times 4 \\ \hline \end{array}$

09 $\begin{array}{r} 27 \\ \times 3 \\ \hline \end{array}$

10 $\begin{array}{r} 39 \\ \times 2 \\ \hline \end{array}$

11 32×4

23×4

12 $\begin{array}{r} 75 \\ \times 7 \\ \hline \end{array}$

13 $\begin{array}{r} 68 \\ \times 6 \\ \hline \end{array}$

14 $\begin{array}{r} 92 \\ \times 8 \\ \hline \end{array}$

15 $\begin{array}{r} 87 \\ \times 3 \\ \hline \end{array}$

16 $66 \times 5 =$

17 $59 \times 5 =$

18 16×5

26×5

36×5

19 $\begin{array}{r} 131 \\ \times 2 \\ \hline \end{array}$

20 $\begin{array}{r} 330 \\ \times 3 \\ \hline \end{array}$

21 122×4

221×4

22 $\begin{array}{r} 106 \\ \times \quad 7 \\ \hline \end{array}$

23 $\begin{array}{r} 473 \\ \times \quad 2 \\ \hline \end{array}$

24 $\begin{array}{r} 501 \\ \times \quad 9 \\ \hline \end{array}$

25 $\begin{array}{r} 159 \\ \times \quad 6 \\ \hline \end{array}$

26 $\begin{array}{r} 518 \\ \times \quad 5 \\ \hline \end{array}$

27 $\begin{array}{r} 725 \\ \times \quad 4 \\ \hline \end{array}$

28 $\begin{array}{r} 447 \\ \times \quad 6 \\ \hline \end{array}$

29 $\begin{array}{r} 384 \\ \times \quad 8 \\ \hline \end{array}$

30 $180 \times 4 =$

31 $386 \times 3 =$

32 526×3

33 682×4

34 $49 - 7 - 7 - 7 - 7 - 7 - 7 - 7 = 0$

→ $49 \div \square = \square$

35 $9 \times 8 = 72$

$\square \div \square = \square$

$\square \div \square = \square$

36 $28 \div 4$

37 $15 \div 5$

38 $20 \div 5$

39 $48 \div 8$

40 $27 \div 9$

41 $18 \div 2$

42 $32 \div 4$

43 $54 \div 6$

44 $\square \div 5 = 9$

45 $64 \div \square = 8$

달달 풀고 곰곰 생각하는

달곰한 계산력

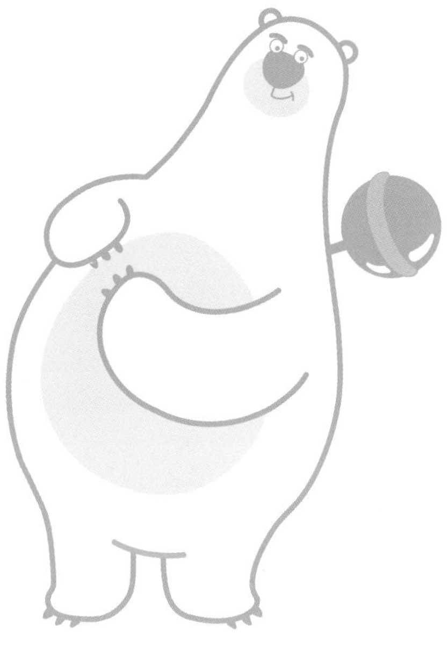